Leader Culture

Lead the Way! Be Your Own Leader!

Leader Culture

Lead the Way! Be Your Own Leader!

Corrinne／著

食遇美國

固執台妹的異鄉冒險

當台妹遇見美國，食物成為跨國文化接軌的橋樑；
從一人變成一家，廚房成為親人情感積累的接點。
先加一匙生活趣事，再來一匙思鄉情懷，
一匙生命啟發，最後加入好幾匙酸甜苦辣，
不多不少，一切都是那麼剛好，
剛好化成動人故事和可口美食。

作者序
Authors's Preface

　　一年以前，提著一大一小兩咖行李箱，我滿懷夢想地來到美國，追逐我的美國夢——

　　然而，事情沒有想像中的順遂，不論是新手人妻的身分，還是無業遊民的身分，都讓我無所適從。我想，我大概不是能在家裡悠哉當貴婦的料吧！不勞動勞動，總覺得手癢，於是廚房變成了我忙碌的所在，也是能夠寄託心靈的空間。

　　每一天，我在異國的小廚房裡做著自己喜歡的烘焙，學著以前從沒吃過的美國菜，偶爾思鄉情濃，也會想盡辦法複製台灣味。洗手作羹湯並非我一人的特權，我的先生——保羅——也常跟我在廚房裡較勁廚藝。透過各種菜色，我一邊記錄著美國生活的點點滴滴；透過這些書寫，多少安慰自己遠離家鄉寂寞的心情。

　　在美國的生活並不容易，即使我的英語溝通能力還算可以，許多的文化差異、衝擊並不是「會說英文」就能排解的。這一年中的成長和波折，從無業到終於能夠開始投履歷找工作，從開始面試到找到工作，從第一份工作到下一份工作……就這樣一晃眼，一年過去了，雖然依舊思念台灣，但我對美國這塊土地也漸漸有了感情。我感謝這一年裡曾出現在我生活中的人，我的先生、我的公婆、我的朋友、我的老闆，我從一個嘴饞了只想著來碗滷肉飯、貢丸湯的台妹，晉升成一個每到週二就會自動到taco店報到，買一份taco Tuesday deal的新移民；也從討厭和人在電話裡打交道（因為總是聽不清楚對方在咕噥什麼），轉變到可以惡狠狠地斥退詐騙集團。

　　從自家廚房，到工作場合中的廚房，從業餘到職業，我的廚藝從中式慢慢擴張到西式，版圖從做飯給自己和老公吃，到

給顧客吃，在與客人的互動中，我的自信心又漸漸地回來了。每一次把餐點遞給客人，餵飽一副疲累饑餓的腸胃，我的心中就有著無限的滿足。

　　雖然這不是一本食譜書，但這是一本私房日記，一本記載著我在異國打拚的日記，一個人遠渡重洋，每當夜幕低垂或者遭逢挫折而心情沮喪時，我總不敢隨便地打電話回家訴苦——一想到這世界上、這塊土地上還有很多像我一樣離鄉背井的人，便不敢輕易地放棄。寫一些文章，串連我與台灣親朋好友的情感；寫一些文章，也以此與和我有相同境遇的遊子們互相安慰。不敢說自己有多好的文筆，僅希望能透過最平凡的事物，最真實的經歷，帶給自己和別人一點啟發、一點共鳴。

　　最後，謝謝本書的編輯，謝謝閱讀這些文章的讀者們，你

們都是我的伯樂和知音，是我一個台妹在美國奮鬥的動力之
一。這場旅程還在繼續，而我也會一直寫、一直寫下去！

編者序
Editor's Preface

該怎麼跟讀者說明這本書是如何創生的呢？

也許，要先從我跟 Corrinne 的緣分開始說起……

Corrinne 是我幼稚園的同班同學，拍完幼稚園的畢業照，參加完幼稚園的畢業典禮，我們就沒有再同班過，即使我們就讀同一所小學、同一所高中、同一所大學。

雖然我們早已建立 Facebook 好友關係，卻一直都沒有透過Facebook重新見上彼此的 Face，甚至，我們沒在網路上聊過，也很少看彼此的動態。

直到某一年，共同好友買了 Corrinne 自製的蛋糕，我已不記得買的是老奶奶檸檬塔還是草莓蛋糕，但我記得，我就是從

那時開始關注 Corrinne 和她的蛋糕的。

　　一開始，當然是為了買 Corrinne 的蛋糕來為家人慶祝，所以開啟了我和 Corrinne 的對話，只是那時我們的關係是製作蛋糕的老闆和想買蛋糕的客人。

　　雖然後來蛋糕沒買成，但我已成為關注 Corrinne 圖文的小粉絲。

　　後來，我到出版社工作，想起她那些美麗的甜點圖片和發人深省的短文，我決定用另一種身分重新和 Corrinne 聯繫。於是，我們變成了編輯與作者的關係。

　　在這一連串的過程中，我看著 Corrinne 從 OL 變為人妻，

看著她從台灣移居到美國，我們周遭的一切都在改變，不變的是她積極樂觀的個性、堅持創作並持續製作美味食物的堅定態度。

　　身處在網友們總是嘲笑台女如何崇洋媚外的氛圍中，我衷心希望能透過這本書讓大眾知道——Cross Cultural Romance 不是你們想得那麼膚淺！

　　當然不排除會有網友們說的那些情況，但是就現實面來說，Corrinne 也好，我嫁到日本、北京、新加坡的朋友們也好，她們都是非常堅強、很有能力的女性，她們有足夠的能力把自己照顧好，只是緣分來臨，她們在面臨抉擇與取捨時，比我們多了分果斷和勇氣。在國外的生活其實非常艱辛，面對不同的文化、價值觀，必須用不那麼熟練的語言在不那麼熟悉的

環境中生存，身邊沒有幾個親近的家人和朋友可以訴苦，我相信這不是一直待在舒適圈裡的我們能夠體會的。

所以，我很感謝Corrinne願意將居美生活用如此俏皮可愛的方式展現出來，用她的妙筆生花，用她的諧趣幽默，將圓融的智慧透過字裡行間傳達給讀者。

這本書不是食譜，不是要教讀者如何製作點心，而是要教讀者如何調適生活、規劃生涯，無論讀者是否是在外遊子，相信都能從中汲取樂活養分，為平凡的生活營造出無限的繽紛美好。

目次 CONTENTS

我是義大利人，我不需要食譜

第 1 餐：金槍鮪魚 Taco ＆ 新鮮蕃茄莎莎醬

Ahi Tuna Taco & Pico de Gallo

剛嫁來美國的第一個禮拜，什麼都不習慣。

預期會出現的問題沒爆發，沒料到的倒是層出不窮。記得是第二週，我跟保羅竟然為了「花椰菜該不該先燙過」而大吵，我氣得把戰情 line 回各大群組，抱怨有個愛來廚房參一咖的老公真讓人心煩！連一顆花椰菜怎麼煮都要干涉。

朋友安慰我說：「總比有個好吃懶做，妳辛苦揮汗下廚還要挑嘴嫌東嫌西的老公好吧！他愛下廚，就讓他去忙，妳大可等著坐享美食，不是很好嗎？」

在小廚房交戰幾百回後，我倆總算簽訂了幾項和平協議。第一，每週末擬定下一週的三餐計畫（meal plan）；第二，分工合作，一人做菜、另一人就負責洗碗；第三，中西餐交錯，不要委屈了任何一方的胃口。

如此這般也經歷了兩三週的磨合，直到這個月開始，我才真正享受到「有個愛下廚的老公其實也是不錯」的這回事。

我們的廚房和平協議裡包含了很多附加條款，Taco Tuesday 是其中之一。週二餐桌就此固定菜色，不需再多花心思。剛開始我對這包餡的墨西哥玉米餅頗不以為然，誰知越吃越覺得趣味，尤其夏天天氣懊熱，做 taco 簡單又清爽，最近一到週末我還會主動問保羅，下週的 taco 做什麼呀？

　　一碰到這些異國菜色時，我只能充當廚房小助手，把爐子讓給大廚。幾次的 Taco Tuesday 下來，加減也學了一點。今天保羅煎鮪魚時，我已經自動自發把 pico de gallo 準備好了。

　　pico de gallo，是一道很簡單的墨西哥配菜，用新鮮的蕃茄、洋蔥、香菜、墨西哥辣椒做成，西班牙文原意是「公雞的喙」。至於為什麼以「公雞的喙」來命名這道菜？原因眾說紛紜，有人說是因為吃這道小食時會用拇指及食指抓取，狀似雞以喙啄食；也有人說是因為製作這道菜需將各項材料切成碎末，就像雞吃的食物一樣……

　　對我來說，由來不必考究太深，簡單好吃即可。不需幾分鐘，一道可以搭配 taco 的小食便可上桌。

　　第一次吃的時候，保羅特地跟我說明菜名，我嫌西班牙文拗口難記，便笑說：「下次跟我說蕃茄、洋蔥、香菜醬就好了！不要跟我說 pico de gallo，我記不住，太麻煩了！」

　　想不到他聽了竟反擊：「那，我下次也要說妳做的蛋糕都是『糖、麵粉跟雞蛋』！這樣妳開心嗎？」

　　我頓時啞口無言，只好默默在心中多念幾次「pico de gallo」、「pico de gallo」……

　　在台灣的時候，並沒有特別喜歡吃鮪魚，來到這裡入境隨

俗，跟著愛吃鮪魚的美國人一起享受這道海中珍饈。這陣子美國很流行 poke bowl，poke 是夏威夷語，指的是切丁、切塊，poke bowl 則是切成骰子大小的生魚連其他配菜放在冷飯上佐以醬汁食用，跟日本的生魚片蓋飯有異曲同工之妙，最常見的 poke bowl 就是以金槍鮪魚（ahi tuna）為主題。

今天我們不做 poke bowl 而是做 taco，整塊鮪魚解凍後拍上鹽巴、胡椒、芝麻，放入芝麻油燒熱的鑄鐵煎鍋中，煎到雙面皆熟即可。吃之前淋上用巴薩米克醋、橄欖油、糖調成的醬汁，連同 pico de gallo、生菜一起夾在 taco 餅裡，大口咬下……

「這個好吃！用的是什麼食譜？」我一臉滿足，迫不及待地問。

坐在餐桌對面的那位先生看了我一眼，「什麼食譜？義大利人不需要食譜！」

美食在前，我也懶得跟他爭辯。

義大利人懂得煮，台灣人懂得吃，誰比較佔便宜？不用我說囉！

新鮮蕃茄莎莎醬
(Pico de Gallo)

1. 番茄一顆切丁
2. 洋蔥半顆切丁
3. 香菜酌量切末
4. 檸檬汁／墨西哥辣椒 (Jalapeno) 酌量也可以不加
5. 鹽 1~2 小匙
6. 以上材料混合均勻即可，冷藏可存放一週。

敦親睦鄰與重建信心的重要性

第 2 餐：南方桃子塔

Peach Cobbler Tart

我必須要坦白說，美國沒有想像中那麼好混。

遠渡重洋之前，台灣的親朋好友總給我很多的信心，導致我也自信高漲，覺得憑著我的手藝、開朗的個性，在異國也可以很快闖出一片天。

剛抵達美國的頭兩個禮拜，我確實每天過著寵兒般的生活，總打扮得漂漂亮亮讓保羅帶著我去認識同事、朋友；週末四處走跳遊玩，夾帶初來乍到的一股威風，鎂光燈好像天天打在我身上。

第三個禮拜起，我開始「水土不服」了。

我在台灣喜歡烘焙，來到美國也喜歡耗在烤箱旁消磨時間。台灣近年來流行法式、日式糕點，殊不知這一套在美國完全行不通。除非是大都市，一般市鎮上的咖啡廳、蛋糕店賣的是傳統的美式糕點、義式點心，超市裡找不到以前在台灣時慣

用的歐洲進口發酵奶油，架上的麵粉全是 all purpose flour（中筋麵粉）。

我因為找不到慣用的材料、做不出我在台灣拿手的糕點而發怒。

「這跟台灣不一樣！」那陣子我常把這句話掛在嘴上，彷彿一句話就能舒緩我所有的挫折。

保羅有乳糖不耐症，我總為了找到能替代牛奶、鮮奶油、奶油的材料而頭疼，不只替換食材，有時候還要調整比例，煞費苦心。

在我不知幾次惱羞成怒地將所有的失敗都怪罪到「這些東西和我在台灣用的不一樣」後，保羅幽幽地說了一句：「但是妳現在在美國。」

我頓時像洩氣的皮球一樣，不知如何反駁。

其實我知道，從頭到尾我都在為自己找藉口。既然離開台灣來到美國，就要去適應環境、克服環境，環境當然不可能來配合我。

放下我從台灣帶來的食譜書，我開始每天上網做功課，了解美國普羅大眾的喜好，閱讀美國人寫的食譜。

週日晚上，隔壁鄰居情侶敲了我們的門……

「我們今天跟媽媽去桃子園採桃子，這些是多的，送給你們！」女孩站在門邊笑瞇瞇的說，把八顆新鮮的大桃子遞過來。

現在回想起來，那一刻是美國生活的第一個轉捩點——我在異國第一次感受到真切的人情味。

既然禮尚往來是自小就學得的道理，我決定把那些桃子做成甜點，再回贈給鄰居。

在網上搜尋了一些食譜，發現當季的桃子最常被做成桃餡派（peach cobbler），盛行於南方。在美國，隨處可見各式各樣的水果派，cobbler 的做法跟法國的翻轉蘋果塔（Tarte Tartin）蠻相似，一樣都是在模子裡先放水果，上層再蓋派／塔皮進爐烘烤。差別在於，翻轉蘋果塔上層鋪的是塔皮，出爐後需要「翻轉」上桌；cobbler 則是上層撒了奶油糖粒，烘烤後酥酥脆脆的，食用時連同派盤一起呈上，大家分挖來吃。

按照食譜，一步一步小心翼翼地做，最後完成了大小幾個桃子塔。除了回贈給鄰居之外，也讓保羅帶去學校跟同事分享。

隔天中午我在家裡忙做家務，保羅回傳訊息，訊息內容是

一張截圖。嚐到新鮮桃子塔滋味的同事，相當用心地回了email，寫著：「謝謝你們的點心，請務必轉告你太太——這是我吃過最好吃的桃子塔。」

我讀到訊息，先是愣了一下，然後就哭了。

那一陣子我受到很多的挫折，覺得我的手藝在這裡一點也不受歡迎，我的信心大受打擊，開始質疑自己的能力。

　　鄰居贈送的新鮮桃子，保羅同事的心得回饋，保羅的無條件支持，使我在異地首次感受到能量及肯定，並且覺得自己還是有機會的。

　　偶爾，對生活的一些芝麻綠豆小事斤斤計較，讓那些雞毛蒜皮不知不覺佔據了腦袋，各式壓力爬上心頭時，我看著電腦，被臉書提醒——兩年前的今天，我過的是什麼樣的生活。

　　曾有那麼一段時光，我的幸福被瞬間抽光。那段時間裡我才感受到，在極大的痛苦面前，過去那些牢騷不過是為賦新詞強說愁。

　　若痛苦是比較值，幸福也會是比較值。

　　我們不可能做到百分之百的快樂，能做的只有知足，與許多人相比，我已幸福很多。

　　思緒至此，像放下心中一塊大石，覺得人生再也沒什麼過不去的關卡了！

思鄉情濃

第 3 餐：荷包蛋

Over-Easy

嫁來美國之前，我和保羅有次聊到最喜歡吃的食物。

我的答案是——雞蛋。而且各種形式的蛋料理我都愛，從炒蛋、蒸蛋、荷包蛋，中式到西式，鹹點到甜點，無一不討我喜愛。

對蛋的熱愛是從小時候爸媽忙碌而把我寄養在阿嬤家到三歲大開始。我的童年記憶始於阿嬤，正如我的美食靈感也啟蒙自阿嬤。阿嬤是從小到大跟我最親密的人，她最喜歡說的故事就是還在開餐廳時，揹著酒瓶大的我，一邊用大火開炒嗆辣的三杯雞，背上包巾裡的嬰兒還能安穩睡著。阿嬤是鹿港女兒，嫁給阿公後在台北開過小吃攤，賣過滷肉飯，之後移居新店山區，經營過土雞城，掌廚過一陣子。

因此我相信阿嬤手藝是好的。只是當我逐漸脫離童稚時，她也已經齒搖髮疏。再加上阿嬤是個事事忙的人，一會兒種菜、一會兒養雞，儘管有一幼兒在旁，她也未曾花過太多心思

照料其飲食。

　　童年記憶裡的晚餐，常常是一個「本丸」──閩南話的飯糰。阿嬤做的飯糰不是你想像中夾滿豐富配料的那種，她連菜脯米也省了，一坨白飯、一把肉鬆，更經典的是，一匙粗砂糖！甜鹹甜鹹的大概是南部口味。我後來就沒再吃過這種口味的「本丸」了，現在想起來，也挺懷念的！

　　在美國，只有到華人超市去才買得到肉鬆，我又偏愛那種傳統市場賣的炒肉鬆，只好放棄如法炮製阿嬤版「本丸」，轉向另一道容易複製的經典──荷包蛋。

　　我對荷包蛋美味的記憶來自於阿嬤常做的簡單晚餐：白飯配一顆荷包蛋，並且要淋上一點醬油膏才夠美味。一定要是醬油膏，而不能是醬油。那個年代沒有人在乎膽固醇、沒有人在乎鈉含量，只要我想吃，我一天要吃多少顆荷包蛋配醬油膏都可以！

　　有時候阿嬤懶，連煎蛋的工都省了，電鍋裡白飯蒸熟，用飯勺挖一大匙熱白飯到碗裡，打進一顆生蛋，再蓋上一匙熱白飯，悶個兩三分鐘。倒一點醬油膏，湯匙拌一拌，蛋汁與醬油膏你儂我儂，小兒如我吃得不亦樂乎。

　　換作現代人眼光，大概不少人會想：哎呦，給小孩子吃生蛋，裡面不知道有多少細菌！

　　慶幸老天爺眷顧，我在阿嬤這樣的三餐照料下，腸胃沒出過什麼大問題，反倒是那股對雞蛋，尤其是煎荷包蛋的狂熱，在我身上根深蒂固了。

　　保羅出門上班時，我常常忙東忙西，一下就到了午餐時間。最方便的就是把前一晚的剩菜熱來吃，再不然就是煎顆荷包蛋，淋點醬油膏，配上一碗白飯。

　　吃這樣的午餐不必顧及任何形象，更省去了擺盤拍照的閒功夫，只管大口扒飯就對了。

　　美國人有一詞叫「comfort food」，直譯便是「療癒的食物」，舉凡冰淇淋、炸雞、巧克力蛋糕等，一吃下去就能讓人充滿幸福感（還有罪惡感）的食物，便能稱為「comfort food」。國外影集裡常看到失戀的男女捧著一桶冰淇淋大挖特挖，意圖消除的不是飢餓，而是滿腹的苦水。

　　荷包蛋飯就是我的 comfort food。

　　常聽人言，中國的海外學子人人一罐「老乾媽豆瓣醬」，沒錢上中菜館消費的時候，一匙老乾媽就是故鄉的味道。

　　對我來說，人在美國最能解我思鄉／嬤情濃的，不過是一顆簡單的——荷包蛋。

美國婆婆台灣媳

第4餐：林茲果醬餅乾

Linzer Cookies

　　年輕時不懂事，總跟朋友開玩笑說，如果嫁給外國人就不會有婆媳問題。

　　既不用擔心要擠在同一個屋簷下侍奉三餐，也不用擔心做得要死要活還要被人嫌的一無是處，婆婆在東方文化裡就是一個讓人備感壓力的存在，再怎麼親，也親不過自己老媽，不能一不爽就擺臭臉，或是「應嘴應舌」地頂回去。一般媳婦不敢奢望自己能跟婆婆多麼親暱，只要婆婆能把看待自己的標準放寬些，就已經是阿彌陀佛善哉善哉了！

　　嫁到美國來，與朋友交流婆媳之間的互動，發現不是只有東方人的婆婆難搞，西方人的婆婆也未必好惹。

　　在我婆婆還只是男朋友的媽媽時，我對第一次碰面感到非常緊張。從保羅的口中聽聞婆婆雖沒有反對兒子的異國戀愛，但對我們未來能否有發展仍抱持懷疑態度。

　　「其實我媽媽沒真正喜歡過我任何一任女朋友，」見面前夕，保羅對我說：「她總是在我跟對方分開後告訴我，她從不覺得那女孩適合我。但是──我想她會喜歡妳的！」他自信滿滿，我卻是聽得臉都綠了。

　　我們在佛羅里達家中度過快一週的假期，那段時間除了是我身為一個女朋友的觀察期，我同時也透過保羅與家人的互動，觀察這個男孩子是否具備未來老公的條件。

　　回到緬因州後，我們彼此同意先斬後奏，在沒有知會父母的狀況下先公證結婚。

　　公證那天早上，我卻猶豫了。

　　「我很擔心你媽媽會生氣，我好不容易才博得她的好感，我不希望她覺得我們不負責任或不尊重她。」

　　保羅看著坐在床上沮喪的我，一言不發。好一會兒他才

說：「妳等我一下，我去車上拿個東西。」

半晌，他回到房裡，手上捧著一個戒指盒。在那一刻之前，我曾想像過很多次，未來的老公會以什麼樣的情境拿出戒指向我求婚？是與眾好友一起舉辦秘密的派對，牆上播著交往片段的投影片？還是單膝下跪在飯店的房間裡，四周飄著氣球和滿地散落的玫瑰花瓣？

他蹲在床邊對我說：「我們離開佛羅里達的時候，我媽媽給我這個戒指，她知道我會用得上。這是她第一次把戒指拿給我，妳還覺得她有可能不同意我們倆人結婚嗎？」

我第一次體會到什麼叫做「喜極而泣」，接過戒指，我們倆再也沒有任何的猶豫，就在那天下午於基特里的市公所登記結婚了。

搬到美國的第一個月，公婆便驅車從佛州上來巴爾的摩看保羅跟我。那是整整兩天的公路旅行，雖然他們嘴上說是為了慶祝結婚週年，我卻覺得專程來看兒子跟媳婦的成分更多。

公婆抵達的前一天，初為人媳的我壓力又來了。以前在台灣的經驗，知道家裡如果有長輩來訪，晚輩只有忙不停的分。我頻頻問保羅，要準備什麼給公婆吃？要不要弄一桌中菜讓他們驚艷一下？

保羅一聽趕緊阻止我，「放輕鬆，什麼都不用準備。好好享受跟爸媽相處的時光，他們完全不希望我們忙！我媽媽說午餐吃三明治就可以了！」

美國姑是這麼說，但台灣媳怎可能輕易罷休？我想到去年保羅跟我提過，婆婆的最愛是林茲果醬餅乾，當時為了討未來婆婆的歡心，我特地上網搜尋食譜，學會如何做這道小點心。保羅已經吃過幾次，但婆婆本人倒還沒嚐過……

於是隔天我們的餐桌上，除了三明治以外，還有一整盤前一晚新鮮做好的果醬餅乾，公婆看到樂不可支，以掃盤的速度表達對我手藝的肯定。

那幾天的假期中，我們陪著公婆逛了不少地方，某一晚我與婆婆兩人單獨在買食物的隊伍裡，她問起我美國生活適應得如何，我回答一切都好，我還在學，最重要的是記得不要給自己壓力，每當我一給自己壓力，挫折總鋪天蓋地襲來，偶爾會十分沮喪竟然連些簡單的生活小事都還沒上手。

「放輕鬆，我相信明年的這個時候，妳現在擔心的這些問題，都不會是問題了。」婆婆摟了一下我的肩，「妳是我的媳婦（daughter in-law），但如果妳不介意，我想直接省略 in-law 這兩個字——妳就是我的女兒，有什麼事情都可以跟我說。」

聽完婆婆的安慰，我眼眶一熱，內心感動萬分。

回家時與保羅在車上聊天，他忽然說：「欸，妳有沒有注意到，今天泰瑞阿姨問媽媽妳這幾天有沒有做什麼好吃的，媽媽什麼都沒說？」

我想了想，對耶，明明那天做的林茲餅乾還剩幾塊可以拿出來跟阿姨、叔叔分享，難道是婆婆忘記了？

「她才沒有忘記勒。」保羅哈哈大笑，「她太喜歡妳做的餅乾，所以她要藏起來自己吃，連自己的姊姊都沒分！」

CH05

相愛容易相處難

第 5 餐：紅醬地瓜麵疙瘩

Sweet Potato Gnocchi with Tomato Sauce

　　某次保羅做了一個蔬菜派（Vegetable Pot Pie），派吃完了，冰箱裡還剩一堆蔬菜瓜果，葉菜類好消耗，但一大袋的地瓜著實讓我苦惱。

　　如果是在台灣，第一個想到的地瓜料理非地瓜稀飯莫屬。但這道菜一來不合我家美國人胃口，二來煮了一鍋稀飯，身邊也沒有醬瓜、豆腐乳可配，沒有這些小菜的稀飯，還有什麼意義可言？

　　上網苦搜能夠運用地瓜的料理，眼睛一亮發現一道「Sweet Potato Gnocchi」，Gnocchi 是義大利麵的一種，通常用馬鈴薯混合麵粉做成，揉成小圓糰，接著用姆指或叉子壓出痕跡，入鍋烹煮完成後與醬料搭配食用。

　　地瓜與馬鈴薯同是根莖類，比起馬鈴薯又多了天然的甜味，拿來做 Gnocchi 再適合不過。捏著捏者，我恍然大悟──這不就是麵疙瘩嘛！又一道中西本一家的菜色！

　　那晚我們大啖手工麵疙瘩搭配自製核桃青醬，冰箱裡的地瓜也瞬間消失了半袋。

　　這週又和保羅約好要做另外一個口味的 Gnocchi，我下午做好手工地瓜麵疙瘩後先凍起來，晚上等保羅回來負責煮紅醬。

　　「這個醬是義大利麵的基本款，大家都會做，」保羅一邊調配鍋裡的醬汁一邊向我解釋，「但每個人的做法，都有一點點不一樣。就連我自己也不一定做得出跟上一次一樣的味道。」

　　秘訣在於番茄醬的選擇，一定得選擇罐裝的碎番茄糊（crushed tomatoes），而不是番茄醬，先用橄欖油熱鍋後爆香蒜頭，倒入整罐碎番茄糊、紅酒，以鹽及義式香料調味，熬煮約二十分鐘到紅酒酒精蒸發只剩香氣即可。

　　麵疙瘩熱騰騰上桌，我倆早已等得不耐煩，一人盛了一碗趕緊坐下來吃。才剛開始吃，保羅便說：「我上次大概只吃了五六顆麵疙瘩吧！」

　　聽到此言，我頭也不抬地回：「怎麼可能！上次你吃了很多，絕對不只五六顆。」

　　誰知對方也不甘示弱：「我真的只有吃五六顆。」

　　餐桌上忽然氣氛緊繃起來，我們真的開始為了到底上次他吃了幾顆麵疙瘩開始記憶大考驗，爭得面紅耳赤。

　　好笑吧！夫妻之間偶爾吵架，竟是為這種芝麻綠豆大小事。事後回想簡直蠢得讓人無地自容。

「我覺得妳每次都要講贏我，妳才甘心。」他氣呼呼地說。

「我哪有？只不過是你把你記得的說出來，我把我記得的說出來罷了，又不是因為要贏你。」

我們互看對方，沈默不語，火氣瞬間已消大半，大概心裡都在想同一件事吧——吃了幾顆，有那麼重要嗎？

從前與別的男友交往，總覺得為大事而吵才是吵，因為價值觀、對未來的期待不同，對諸如此類人生大事的看法有所歧異，才是伴侶分開的主因。殊不知展開婚姻同居生活沒幾個月，我才發現，雞毛蒜皮、柴米油鹽一類的小事也能吵翻天，吵到賭氣地想：「我幹嘛在這裡受氣？當大小姐比當你老婆自由快樂多了！」

我們吵過麵疙瘩到底吃幾顆、吵過花椰菜應該怎麼煮、吵過我吃飯咀嚼聲太大，還有他總是不把碗裡的飯粒吃乾淨……

吵過這麼多可笑的事情，隔天早上還是期待在彼此身邊醒來，晚上也依舊要在彼此身邊才能安穩入睡。

有人說：「患難見真情。」我倒覺得能熬過這些一天二十四小時、日夜上演的鬧劇般考驗，才是現實生活中小夫妻的最大成就吧！

純素料理界的超級食物

第六餐：Pita 餅與鷹嘴豆泥

Pita & Hummus

　　一轉眼也八月底了，氣溫逐漸轉涼。想著回台灣短短一個月的時間內將有大大小小的事情要處理，緊張和興奮之情便排山倒海而來。

　　不知不覺，養成每天早上醒來，一邊吃著早餐一邊回憶前一天所作所為的習慣。

　　早上寫日記，變成一種療癒自己的儀式，像在浴室裡唱歌給自己聽，總唱得特別投入用心。

　　我很享受這短短一個多小時的靜謐。在美國，蟲鳴和鳥叫（可惜是烏鴉叫）是近的，人聲和車聲都是遠的。樓上樓下、前後左右都有鄰居，但從未聽過誰大聲嚷嚷或鏗鏗鏘鏘，我常擔心自己會不會是手腳最笨拙最吵的那一個。

　　但同時我也很想念台灣的家，一下樓就有傳統台式早餐可以買，煎蘿蔔糕、中冰奶、還有玉米蛋餅；假日偶爾還會聽到小貨車廣播著「補紗窗、補門」、「龍眼乾～龍眼乾，呷龍眼乾囡仔架袂偷尿尿」……

　　無論是嫁到國外，還是嫁到外縣市，「想家」都是女兒的習慣。來到美國，我時不時思念起我在台灣的家、台灣的家人。

　　離鄉背井的人，在新的土地用新的方式展開新的人生。街

上能看到中菜餐廳、印度菜餐廳、地中海菜餐廳、墨西哥菜餐廳、日本料理餐廳、義式料理餐廳，出了門會碰到各式各樣的口音，各種膚色、各種面貌的人。

偶爾遛我家狗兒福福的時候，會看到牽著孫子出來散步的阿嬤。阿嬤年紀很大，不會說英文，只會點頭、揮手，每次看見我都會微微一笑；孫子看起來不到兩歲，自然捲的頭髮，耳垂上打著小小的耳洞，戴著銀色的耳環。

沒有共通的語言，無法互相溝通，但每次老婦人對我一笑，我都會打從心底覺得溫暖。

兩週前，我們終於在超市買到了鷹嘴豆（chickpeas），罐頭鷹嘴豆不難找，但我們想要的是生豆子，要從大排架上琳琅滿目的豆豆中把目標揪出來，確實考驗眼力，而我倆都是「大眼睛」，瞪著貨架看了良久，好不容易才發現它。

鷹嘴豆是印度、巴基斯坦相當普遍的蔬菜，在歐洲也很常見。近年來因為素食、純素食的風氣盛，這種豆子不但能幫助減重，還含有豐富的營養素，一瞬間成為美國人的新寵。

買來的鷹嘴豆要先泡在水裡至少兩到三小時，才會膨脹並軟化，第一次處理這種豆子，沒什麼經驗，泡過一夜後打開鍋蓋嚇了一跳──水面全是泡沫，還散發一種很「奇妙」的味道。

好吧！奇妙是禮貌的說法，其實我覺得蠻臭的。

就好像美國人常說「interesting」，剛來的時候我不知道，還以為當他們說 interesting 的時候是真心覺得很有趣。過沒多久，我才發現，那個表達方法類似中文裡──蠻「特別」的、蠻「奇妙」的──這一類的說法。

有些人不愛臭豆腐，第一次嘗試又不好意思直接吐槽，可能就會說：「哦⋯⋯這個味道⋯⋯好特別喔⋯⋯」（Hmm...this is interesting...）聽到這句就知道，其實他沒有很喜歡啦！

上網查了之後發現被我嫌棄的臭臭泡豆水，其實是神水，有很多妙用，譬如，打發後可以當成蛋白，這可說是純素者的福音呢！（純素 Vegan：指連蛋奶都不吃的）

豆子泡完之後將水換掉，用大火滾約三十至四十分鐘，直到豆子變軟（但不爛），倒掉熱水換泡冷水，這時候因為熱脹冷縮的原理，豆子就變得很好去皮。

煮豆子的時候想到小時候老媽常在我耳邊唸曹植的「煮豆燃豆萁，豆在釜中泣」，煮豆的時候我也感到一陣悲愴想哭，因為煮鷹嘴豆水真的臭⋯⋯

很多豆類、核果類都可依此方法去皮，這個動作英文叫做 blanched，之前做義式杏仁餅乾的時候我們就是這樣處理杏仁的。

　　去皮不難，泡過冷水後用姆指食指輕輕一推，那層白色外皮就可輕易搓落。累的是我煮了一磅的鷹嘴豆，大概快四五百顆，去皮去到我眼都花了！

　　前置作業處理好後，晚上等保羅回來接力做鷹嘴豆泥（Hummus），搭配自製的蒜味 pita，第一口入嘴時，我已忘記這豆子是從我百般嫌棄的臭豆水中降生。口感好滑順、好綿密，好好吃哦！

　　今天完全沒有到任何的雞蛋跟奶類，是純素的一頓晚餐呢！

　　其實，我還是很愛吃肉，但來到美國，肉食女已被各式各樣的素食料理打開了眼界，不再排斥接受素食。素食是環保的一種方式，雖然我未能完全落實（你說，誰戒的了滷肉飯？誰忘得了鹹酥雞？），但一週間能多嘗試幾餐素食，也不是件壞事呀！

學會放下不必要的執著

第 7 餐：法式白巧克力檸檬塔
White Chocolate Lemon Tart

我接到了一個訂單。

第一個訂單耶！還是送長輩的。受人之託、誠惶誠恐，我從前幾天就開始苦思要怎麼做。

指定內容是檸檬塔，因為要幫長輩慶生，不要任何的蛋白霜裝飾，也不要太酸，檸檬餡要做的比之前的版本更凝固一點。

檸檬塔我做過，對方的要求也不算太難，但我只是一直在想……在沒有蛋白霜裝飾的狀況下，要怎麼樣才能讓人一眼就看出這不是超市或連鎖蛋糕店買的？要怎麼樣才能在簡單平凡之中展現出特色？

不要那麼酸……是不是可以搭配其他水果？像是鳳梨、百香果，那要怎麼做出不同層次的口感？在檸檬蛋奶餡上疊一層慕斯？還是果凍？

我腦力激盪了好久。

今天做好兩個塔皮（一個交貨用，一個預備用），填入檸檬餡，另外也做了蜂蜜檸檬果凍，只是還沒想好怎麼搭配。

老公下班回家，問我打算怎麼收尾，我大概跟他描述了一下我的創意，老公想了想，建議我：「這個塔是要做給老人的，老人就是想吃最單純、簡單的味道，太多的創意也許不是他們想要的。妳做這些，年輕人會覺得特別，但是老人會覺得奇怪。」

我沈默了，窩回沙發沮喪了半小時之久。唉！這些看似天馬行空的創意，是我想了好久好久才想出來的……

回到廚房，看著做好的蜂蜜檸檬果凍片，想想他們的點綴效果其實沒有我想像中那樣好，就捨棄不用了。

我很喜歡用馬卡龍做檸檬塔的裝飾，然而，仔細想想，老公說的也沒錯。每個人的需求不同，我很想展現我的創意，但對方的要求就是一個新鮮、單純、用心製作的檸檬塔。

好多年前，我帶阿公、阿嬤去吃法式料理嚐鮮（法式餐廳並不便宜，荷包整個大失血），那法國菜可稀奇了，有冷湯、分子料理，上菜還會噴乾冰呢！

　　結果花了大筆鈔票，卻被兩老嫌到不行，直說吃不飽又難吃。

　　隔天，我們去吃了土雞城，換阿公、阿嬤請我吃飯，不是什麼精緻料理，但全家都吃得很開心。

　　回想那一餐，我知道自己執著錯方向了。

　　我的目的應該是讓享用的人感受到幸福，而不是看我炫技。我可以花好幾天把我會的全部運用上而做出一個最特別的蛋糕，也可以為對方做一個最簡單純樸的美味。而能符合對方的需求，也許才是更好的，對吧！

歡迎登上殘酷舞台

第8餐：佛羅倫汀杏仁餅乾
Florentine Almond Cookies

　　我們居住的社區有一個管理中心，負責區內住宅的大小事──包含修繕、娛樂活動、租賃合約等。管理中心的負責人黛博拉是位很友善的非裔阿姨，自從她發現保羅和她一樣都是美劇權力遊戲的劇迷後，對我們的態度更是熱情到破表。每每看到我們，她話匣子一開就停不下來，導致我們常常只是要去管理中心辦五分鐘左右的事，等到走出大門時已經不知不覺過了四十、五十分鐘⋯⋯

　　話雖如此，我依舊很喜歡跟黛博拉打交道，喜歡她的大嗓門，喜歡她在進門後、出門前都熱情地給人大大的擁抱，甚至喜歡她聊天時誇張的手勢跟表情。

　　在與黛博拉分享了幾次我做的蛋糕、餅乾後，她對我的手藝相當捧場，直說要推薦我給市區裡的一家咖啡店。剛好這週日晚上那家咖啡店有活動，黛博拉說她會與店經理通知一聲，讓我帶幾個拿手的點心過去給他們嚐嚐看。

　　為了這場「面試」，我整個週末一刻都無法鬆懈，即使手上沒有動作，腦袋也在想著：要做什麼才能令人驚艷？而佛羅倫汀杏仁餅乾是我在準備端出的幾項糕點裡，安插的一個小驚喜——它是傳統法式餅乾，在這裡並不常見，底層是酥脆的餅皮，上面鋪著用蜂蜜煮成的杏仁牛軋，不只黛博拉，連保羅的同事都對這道小點心愛不釋手。

　　星期日晚餐後，我們按照預定計畫開車從家裡往市區出發。大概是累了兩天，情緒緊繃，我和保羅在車上又因小事鬧得不愉快，我提著兩大盒甜點，下了車還在生悶氣。過了一個馬路，我忽然站在路邊不走了。

　　「我想靜一靜，你先進去吧！」咖啡店就在下個街口，我的胸口還漲著怒火。

　　「不，」保羅的脾氣也來了，他看著我說，「妳進去。如果妳不想看到我，我就在外面待到妳叫我進去我再進去。」

　　我一方面生氣，一方面又擔心跟人約定的時間快到了，不想在店門外跟老公大眼瞪小眼，只是心裡的委屈一時無法消散，當下左右兩難，不知該怎麼辦。

　　考量了五分鐘之久，決定暫時放下眼前的新仇舊恨，想著黛博拉幫我湊合的機會是這麼難得，我還是趕快拿著點心進門，免得浪費了這整個週末的辛勞。

　　走進店裡，活動已經開始，大家正專心地看著牆上投影的電視劇，我和保羅揀了最角落的座位坐下。

　　時間一分一秒過去，我們倆沒有交談，靜靜地跟周圍的人一起看著影片，他的手伸過來扣著我的手，原想鬧脾氣地抽開，但在最後一刻，我改變了心意，把手輕輕地扣了回去。

　　一個小時後，影片結束，黛博拉趕緊招呼我們過去和店經理打招呼，雖然已經是晚上十點，但店裡還在忙，相對於黛博拉的熱情和我們的期待，店經理顯得格外客氣和冷漠。

　　我的心像被澆了一盆冷水，忽然覺得此趟是否來錯了？提著一堆心血結晶，但對方似乎不太領情，我感覺是把自己的熱臉往對方的冷屁股上貼……想到這邊，我打算遞出名片的手停頓了。

　　「介紹一下妳的作品呀！」看我在一旁發愣，保羅推推我，給我發言機會。

　　看著店經理，我心想：「管他的，該做的功課還是要做完，才算對得起自己。」連忙一一介紹自己做的每樣糕點並遞出名片。保羅徵得店經理同意，我們把甜點擺在櫃台上並分切給客人試吃。

　　當時已是禮拜日晚上十點，大家活動結束後都想早點回家

休息，即使是免費的糕點，迴響也不如預期熱烈。我站在櫃台前覺得尷尬、失落、手足無措，看著保羅比我更努力地跟陌生人介紹我做的點心，愧疚感瞬間把我給淹沒。

　　回程的車上，我低聲地說：「我覺得店經理不會聯絡找。我不覺得他喜歡我做的東西，他甚至連嘗試都沒有興趣。」

　　「嗯，也許吧！誰知道呢？」保羅轉動方向盤，車子慢慢拐入我們社區馬路上。「反正，累積經驗嘛！」

　　回到家，冰箱裡還剩下幾塊我特地要留給保羅而沒拿去「面試」的餅乾。

　　兩個小時前我們夫妻倆為什麼而吵已經不再重要，在殘酷舞台上，我的伴侶沒有因為幼稚的爭吵而留我一個人孤軍奮戰，這就足以讓我將所有怒氣一筆勾銷。

CH09

戀愛靠激情，婚姻靠經營

第9餐：甜甜圈

Donuts

好朋友在結婚前夕，毅然決然地與未婚夫分道揚鑣了。

這類故事好像已經不再稀奇。在現代社會裡，離婚比例高得讓人覺得是否我們已放棄追求天長地久的愛情。臉書上當然還是有曬恩愛的朋友們，但生活的另一面，放手說再見的怨偶也不在少數。

剛踏入婚姻的我，時常萌生「好累」的念頭。

我不時地將自己現在的生活，和過去「未婚小姐」的時期做比較，和我們還在「談戀愛」的階段做比較。

那時候的我們，擁有能思念彼此卻各自獨立的空間。距離雖然使我們感覺難受痛苦，卻也因距離滋生的美感使我們眼中都只看見彼此的好。

記得第一次拜訪保羅的家人，婆婆問我，遠距離戀愛如何維繫？我天真無邪地表示，靠通訊軟體，靠臉書，靠視訊，靠當空中飛人只為與彼此共度幾天的時間……

「我想，偶爾『想念』彼此也是不錯的。」婆婆說，意味深長。

剛開始同居的日子，我們的屋裡有爭吵，也有歡笑。隔壁鄰居住著一對大學生情侶，他們時常吵得不可開交。拜美國房

子隔音設計之賜，一牆之隔的我們經常有「親臨戰場」的感覺。

我們甚至會鑽進壁櫥裡，把偷聽別人吵架內容當有趣，雖然大部分都只能聽到吵鬧聲，其實聽不清楚他們究竟在吵些什麼。

逐漸地，我們之間的爭執也多了。這才讓我慢慢體會到，情人之間吵的內容聽在旁人耳裡通常都是令人嗤之以鼻的小事。在吵架的過程中，我們一心只想要贏得這場戰役，為了求贏，嘴上、手上總是毫不遲疑地抄起最尖銳的武器，不把對方痛擊得遍體鱗傷就不甘心。

然而，衝突過後，我總是很傷心，想著我們的愛情是不是在這種日常小事的爭執中一點一點地被消磨掉了？為什麼我們曾夢寐以求的朝夕相處之生活，在真正實現了以後，卻會有此等庸俗又令人厭惡的模樣？

某天，我從櫃裡拿出保羅存放重要文件的資料夾，從夾層裡拿出我所需要的文件後，一些小卡片竟隨之掉了出來。

那些小卡片全是我們遠距離戀愛期間，每次見面或是見不到面時，我親手或是透過第三方寫給他的卡片和紙條。

看到那些回憶，鼻頭一酸，忽然覺得自己為什麼不能多想

想這些美好的片段，為什麼總要讓腦袋塞滿那些彼此在情緒高漲時脫口而出的惡毒語言。

我懷疑造物者是否故意把人類腦袋裡儲放負面回憶的記憶體設計得比儲放正面回憶的大上了好幾倍？

「I love you. Sorry about my attitude this morning.」傳出了一封訊息，心情瞬間柔軟許多。

我常常看著爭吵後保羅受挫、憤怒的背影，心想如果我能放下驕傲，走過去抱住他，會不會一切就好了？

但我在第一時間遲疑了，然後，下一分鐘是，下下分鐘也是。我錯失了第一個機會，面對接下來的機會，我也越來越沒信心，任由它們流失，鴕鳥心態地想著，反正我不把握這些機會，我們的愛情也可以讓這次的爭吵大事化小、小事化無。

只是這樣的苟且心態，經常帶來更多的傷害。

踏入婚姻兩三年的朋友，曾給過我一個建言——「生活是忍受加享受」。

有一天我記得愛吃甜甜圈的他，已經有一段時間沒享受這道點心了。雖然美國俯拾即是 dunkin donuts，但保羅嚷著想吃那些當地甜甜圈店賣的。

　　按著食譜一步一步做，炸了六個甜甜圈，三種不同口味。甜甜圈不難做，但一定要新鮮的才好吃，當天炸要當天吃，放到隔天就風味盡失。

　　回到家的保羅，手上拿著一杯熱拿鐵，看到桌上一整盤甜甜圈，欣喜若狂。

　　結了婚的我，已經不常在小卡片上寫著甜言蜜語送給保羅，他也鮮少心血來潮送我巧克力或玫瑰花。互相給對方驚喜的那些曾經，慢慢變成了情人節、週年紀念，我們都是一起計畫「怎麼過比較經濟實惠」、「如何安排才最省時省力」。

　　生活中難免有爭吵，難免有沮喪的時刻，雖然不再像過去談戀愛時那樣充滿激情，但也會有像這天下午一樣的時刻──我喝著他專程繞路去買回家的熱拿鐵，他吃著我花了整個下午做好的甜甜圈，一切盡在不言中。

學著把每一天當做是借來的

第 10 餐：可可香蕉塔

Chocolate & Banana Tart

明天要暫別待了三個月的美國，回到溫暖的台灣去。

忙了好幾天，除了準備行囊，打理狗女兒福福寄養事宜（因為保羅要出差兩週，只好拜託同在巴爾的摩的家人幫忙照顧她），還要清空冰箱裡無法久存的食物……

看著過熟的香蕉，決定把它們做成可可香蕉塔來款待鄰居朋友。巧克力與香蕉，大概是排行榜上最不容易出錯的組合前三名了。

在美國的這三個月，除了自家老公外，還受到很多人的照料，而我除了自己手作的點心，想不到更多可以拿來回報的。

一邊努力消化庫存、製作香蕉塔，一邊心情複雜地整理著小廚房，這可說是我們家中感情最豐沛也最愛恨交織的角落。雖然知道自己只是回娘家過個短暫假期，但我仍是滿心的不捨。

　　2015 年的夏天，我的人生在蘇迪勒颱風肆虐後發生了很大的轉變。度過生死交關的時刻，我重新思索自己未來的方向。近乎失去一切的我，有種豁出去的決心，覺得這世上再也沒什麼能阻擋得了我或是傷害得了我……

　　在那段時間裡，我認識了保羅，義無反顧地談起一場遠距離的異國戀愛，剛開始抱著即使沒有結果也不介意的心態，到後來慢慢投注越來越深的感情，最後決定勇敢步入婚姻。

　　在美國展開新生活的這段時間，偶有沮喪低落的時刻，也曾質疑過這場浪漫的冒險是否是我一時衝動做錯的決定。

　　人總要在分離的時刻才會體悟到相聚的時間是多麼可貴。我在回台灣的前夕，看著眼下擁有的一切，忽然有種感悟——我的人生是跟老天爺借來的。

　　僥倖躲過了鬼門關、在阿嬤的庇佑下又重新站起來的我，每一天都是借來的。這些因為上天眷顧而得以重回我手中的光陰，每一刻都值得握在手心裡好好珍惜。

　　如果將身邊的人、事、物視為理所當然，終有一天他們會不知不覺地消逝無蹤。若認同自己僅是因為宇宙的慷慨才得以貪婪地在時光裡享受喜怒哀樂，回想起那些流淚的日子也會覺得可愛。

　　放下惆悵，心情愉快地捧著剛做好的可可香蕉塔走進管理中心，準備與黛博拉還有其他社區管理員分享，並感謝他們這三個月來的照顧。

　　社區裡的行道樹，枝頭的樹葉已悄然轉黃，下次從台灣回來時，風景想必又全然不同了吧！

愛和布朗尼，永遠都不嫌多

第 11 餐：布朗尼

Brownie

　　住在紐約的克勞蒂歐叔叔跟泰瑞阿姨還有他們的一雙女兒——丹妮兒與金珀莉，是我與保羅在美國最親近也最喜歡的親戚。

　　回台灣的這趟班機在紐約甘迺迪機場有十一個小時的轉機空檔，出發前夕我與泰瑞阿姨聯繫，詢問是否能短暫地拜訪他們，她二話不說就答應了。

　　婚姻很奇妙，以前從沒想過會透過這層關係，與另一個完全不同的家族在「法律上」和「生活上」產生交集。之前與他們碰面都有保羅在身邊，這次卻要獨自拜訪叔叔阿姨一家人，心裡難免有些忐忑，怕自己搭不上話、會不會麻煩了人家……

　　坐在計程車上，我甚至還想著，回機場耗個一天會不會是更好的決定？

　　「她來了！」

　　剛下車走近門口，丹妮兒已經迫不及待出來迎接，並給我一個大大的擁抱。「看到妳真好！」接著映入我眼簾的是泰瑞阿姨的微笑，我的緊張、多疑瞬間在兩人的溫暖問候中煙消雲散。

　　上次拜訪他們，已是一年前的事！

「你們應該先告訴我們有這個計畫，這樣我們就能去參加。」泰瑞阿姨提起去年此時，我和保羅在沒有先告知家人的前提下，於緬因州悄悄公證的那件事。「如果早知道，我們一定會全員到齊。」

我聽著有點不好意思，那的確是一個充滿熱情、衝動的決定——我們在去年的整趟旅行前、旅行中都在談論「結婚」的可能性，從試探性的「我想過我們可能會結婚」；互相確定心意的「我們真的想要結婚」，最後發展到「我們要怎麼樣才能結婚——越快越好」。

颱風延誤了我當時回台的班機時間，我也順理成章偷得了多幾天的假期，然後跟保羅花了整整一個下午在美國成為合法的夫妻。

「但還好還有年底的婚禮！我好期待！而且妳選擇丹妮兒跟金當妳的伴娘，真是太貼心了！」泰瑞阿姨微笑地看著我說，我心想，實際上是我要謝謝妳們願意在一個這麼重要的時刻二話不說地幫助我吧！但阿姨卻很巧妙地把我的拜託形容成他們的榮幸。

等待克勞蒂歐叔叔下班一起享用晚餐前，我們坐在客廳裡輕鬆地聊天，挑選伴娘的洋裝。金在廚房裡捏著晚餐要搭配義大利麵的肉丸，紅醬在鍋裡沸騰著，香味瀰漫在整間屋子裡。

　　晚上六點多，克勞蒂歐叔叔回家了。去年第一次與他見面前，保羅曾形容這位姨丈是「世上最好的人之一」，而我對此話完全同意。克勞蒂歐叔叔是那種在對話裡永遠會百分之百認真聽你分享事情的人，他會主動開啟話題與你聊天，也會很有耐心地聽你說話，而他的臉上永遠掛著支持、讚許的表情。當不全然同意你的發言時，克勞蒂歐叔叔也總會用詼諧逗趣的口吻避開所有的劍拔弩張——誰能不愛他呢？

　　「噢不，這次妳沒有帶甜點？」叔叔給了我一個歡迎的擁抱，佯裝失望地說著。而我則不好意思地笑了。

　　因為沒有甜點，晚餐後丹妮兒和金主動到廚房裡烤布朗尼，這是美國最家常也最受歡迎的飯後點心之一，很快就能出爐，而且冷熱都好吃！

　　在廚房裡姐妹倆因小事而拌嘴，回到餐桌旁依然鬥個不停。儘管如此，我們仍一起享用了熱呼呼的布朗尼，配上香噴噴的咖啡，這樣簡單的甜蜜，讓美味的晚餐更顯完美，而且永遠不嫌多。

　　「好吧！我要先走了！」又聊了一陣後，金站起身來，準備與男友一起出門。「今晚很高興見到妳，希望妳旅途平安，我們很快會再見！」她一邊說一邊緊緊抱了我一下。

　　接著金走到桌邊，給每位家人一個輕輕的吻別，包括剛剛

還在鬥嘴的姊姊丹妮兒，而每一個吻都附帶一句溫柔的「愛你」。

同樣的情境發生在克勞蒂歐叔叔與泰瑞阿姨準備送我到機場，而丹妮兒決定留在家裡，即使只是三十分鐘的分離，出門前他們依然互相擁抱，並說著「愛你」。

對這家人來說，這是一點都不稀奇的日常小事，但對我而言，他們一個晚上說出口的「愛」，可能比我一年份對家人說的還要多。

我想到保羅也曾在我倆吵架、我悶不吭聲坐在一旁的時候說：「我愛妳。」我當時覺得，你怎麼會挑這時機來說愛我？我還在氣頭上，你這句話一點說服力都沒有。

但我沒料到，「愛」是一句很奇妙的咒語，它往往能舒緩我們繃緊的神經，提醒我們珍惜眼前人的重要性，再多說幾次，怒意就會悄悄地消失。

「愛」不是一個說多了就不珍貴的字眼，「愛」是一個永遠都不嫌多的詞彙。就像晚餐後的布朗尼，不管肚皮吃得多撐了，我還是忍不下心對它 say no。

擁有一份無敵的家傳食譜
讓義大利女人更有魅力

第 12 餐：義大利杏仁新月餅乾
Italian Almond Crescent Cookies

想當一個很會說故事的人。

從小我就很喜歡說話，很喜歡聊天，很喜歡比手畫腳地講笑話、逗別人開心。記憶裡第一個讓我充滿成就感的「說故事」經驗，是國中的時候不知從哪聽來的「大嘴魚」笑話（應該很多人聽過吧！現在回想起來已經沒那麼好笑了⋯⋯），轉述給同學聽還附帶表演，逗得同學哈哈大笑，甚至吆喝其他人來看我說笑話。

隨著年紀漸長，現在臉皮已經沒那麼厚，沒辦法像以前一樣放那麼開，手舞足蹈地表演著發生在我身上或者別人告訴我的趣事。不過，喜歡說笑話和說故事的習慣還是沒有改。

生活中有很多很多小事，我喜歡聽，也喜歡講。好聽的故事就像好的手藝及食譜，若沒有口耳相傳地保留下來，未免感覺可惜了些。

　　以前在台灣，接觸的都是法式的糕點，到美國以後，發現當地流行的口味與台灣大不相同，反而是美式、義式、德式、甚至中東的甜點更為普遍、更受歡迎。

　　美國畢竟是以種族大熔爐著稱的國家，多元的移民色彩因此反映在飲食文化上。

　　相較於今日的台灣，法式甜點、日式糕點蔚為風潮甚至成為市場主流，美國則是使各個民族對自己家鄉甜點都最感驕傲，也因此，在美國我未曾感受到任何一種「一枝獨秀」的甜點文化。

　　我喜歡美麗精緻的糕點，當初學習法式甜點的時候就深深著迷於其多變的技巧和華麗的裝飾。雖然還沒機會親赴法國，但總覺得透過法式甜點，能感受到法國人是對美感多麼吹毛求疵的民族。

　　日式甜點也有異曲同工之妙，除了可口，更要精緻美觀。

　　在美國嚐到的很多蛋糕甜點，特別是那種地方咖啡店、麵包坊的，第一講求的是「好吃」、「道地」。講白一點，美國七成以上好吃的糕點，會讓喜歡幫食物拍沙龍照然後打卡上傳到臉書、Instagram 的人感到十分為難……

　　因為保羅的關係，我開始接觸義大利的小點心。美國國慶

假期時，我們在巴爾的摩小義大利區一家咖啡廳外帶了一些餅乾回飯店吃，很難想像那些外觀並不特別還尺寸不一的餅乾，吃起來卻風味迴異，讓人回味再三。

就因為外表太不出眾了，導致我很想再吃一次的時候，完全不知如何形容那是什麼餅乾。

「這個不錯，但還是我外婆做的最好吃。」保羅說。

「對，外婆做的是最好吃的。」表妹跟著附和，兩個人似乎同時回想到外婆的手藝，露出渴望的表情。

在美國常聽人說義大利人非常挑嘴，如果手藝能得到義大利婆媽們的認同，那是非常有成就感的一件事。

保羅的外婆很大方地與我分享了家傳的杏仁新月餅乾食譜。我第一次做的時候，因為其中有步驟不太了解，失敗了，又不想浪費整個麵團，便自己東摻西和，做成一道新口味。

我自己吃是覺得還不錯，但保羅回家吃過後卻是完全不能認同。

義大利的餅乾，要按照義大利人的食譜來做，如果自己擅自變化，即使好吃，也不能稱做是義大利的餅乾了。

　　第二次再有機會做這道點心，是接到了一份訂單，客人說看到我相簿裡有義大利餅乾的照片，很有興趣，想吃吃看。

　　真奇妙，在我眼裡看來外型相當普通的餅乾，內行人一看就知道那是「義大利餅乾」。

　　這次保羅也進廚房來幫我的忙，我們再次跟婆婆、外婆確認了食譜內容及步驟，成功完成了訂單。

　　下次見到客人，她的回饋是：「餅乾很好吃！我那些義大利的親戚，尤其是我婆婆，都說做得很好吃！我婆婆也會做這種餅乾，但她從來不願意教我！」

　　我聽了很開心，也很驕傲地跟她說——這是外婆家傳的食譜，我只是如法炮製而已。

　　從那時起，我覺得製作有故事的點心，比製作「漂亮」的點心更有趣，甚至偷偷立志——

　　就算只有一道拿手菜也無妨，有朝一日，我要讓我的家人、小孩、孫子在很久很久以後吃到相同口味糕點時，都會很驕傲地說：「還是我外婆做的最好吃！」

從 2 歲到 90 歲都能擁有的超能力

第 13 餐：平底鍋煎鬆餅

Old-Fashioned Pancakes

　　因應朋友邀請，幾個月前我們開始觀望飛往達拉斯的機票，找到價錢實惠的機票後，一趟德州之旅便這麼定了。

　　降落達拉斯機場前，我已在飛機上看見一片平坦無際的道路和筆直的大橋，雖然不靠海、道路兩旁少了棕櫚樹，看著看著竟覺得有幾分神似佛州。

　　相較於周圍有些荒涼的機場，達拉斯市中心宛如一片綠洲。這次旅行我們留宿在朋友家；一對非常棒的夫妻——菲力克斯、蘿倫，跟他們兩歲大的女兒凱薩琳。

　　在美國的這段時間，我特別喜歡透過與不同的人相處，感覺東西文化的差異。凱薩琳只有兩歲大，她擁有自己的房間，晚上能夠自己在黑暗的房中就寢。她的溝通能力非常發達，並且可以做許多我想像不到兩歲大的孩子能做的事。

　　一日早晨，蘿倫在廚房中打點早餐，我在旁與她閒聊，忽

然被童言童語打斷──

「我想幫忙！」凱薩琳一雙小手攀在廚房中島桌旁，奮力爬到椅子上。

我心想兩歲的孩子能幫什麼忙呢？不找麻煩已經謝天謝地了吧！

只見蘿倫不慌不亂把女兒在椅子上安好，正色問她：「早餐想吃什麼？做鬆餅好嗎？」只見小女孩點了點頭，然後說：「Scooping！」意思是她可以幫忙把各項材料勺到盆裡。

在美國製作點心多半使用量匙量杯，省去秤重的麻煩。凱薩琳專注地用大匙一勺一勺地在盆裡加入麵粉，接著又幫忙敲了幾顆蛋。我在旁觀察，看得出來這顯然不是她第一次擔任小幫手。雖然偶有小失誤，蘿倫依然由著凱薩琳自行操作，不會輕易出手幫忙。一直到餅糊倒入鍋前的諸多準備步驟，都是經這兩歲女娃之手。

蘿倫的教育法取經於蒙特梭利，其一是在家中幫孩子製造「準備好的環境」（Prepared Environment）──在這個環境中，孩子能夠在沒有父母幫助的情況下，獨立完成日常活動，像是在自己的小書桌上畫圖、分豆子（這個小活動讓她練習抓握還有專注力）；從較低的書架上拿取自己的玩具。在孩子出聲尋求協助之前，父母不會主動協助孩子。

　　短短的兩天裡，我看到凱薩琳獨立完成不少任務，當需要幫忙時，她會說：「Need help！」，相反地，當她靠自己完成任務時，她會很驕傲地宣布「Catherine did it！」

　　也許是蘿倫和菲力克斯不為孩子設限的教育方式，反而能激發出凱薩琳更大的潛能。

　　「有些人常說，到了特定的年紀就不適合做這個或那個。他們認為自己失去了實現夢想的能力，因而為人生設下太多限制──我們不想成為那樣的人。」

　　晚間，他們的母親與友人來訪，帶來一些要送給小朋友的禮物，其中一樣是為凱薩琳客製的童書繪本。

　　「這是我朋友畫的，」友人解釋，「她已經是個曾祖母了！」

　　從 2 歲到 90 歲，這世界上有太多我們分明能做，卻不敢放膽去做的事。

　　如果曾祖母都能夠出版繪本，或者，話還說不完整的小娃兒都能做鬆餅──那我們這些年輕力壯的「大人」，還有什麼藉口不去面對生命中大大小小的挑戰呢？

婚姻帶來的改變

第 14 餐：美式巧克力餅乾
Chocolate Chip Cookies

「今晚我跟老公要出去『約會』。」昨日散步時，朋友忽然冒出這一句。

「那很棒啊！難得有人幫忙帶小孩。你們要去哪？」因為知道這樣的獨處機會對家中有小孩的爸媽有多難能可貴，我打從心裡替她開心。然而她卻一臉困擾地說：「我真的不知道要去哪……太久沒約會了，算一算都快有一年多了吧！好不容易有時間不用擔心小孩，比起跟老公約會，我更想跟我的『平板』好好地約會！」

此話不誇張，當媽的應該都能明瞭。

我還沒升格當人母，但也領教到女人似乎天生有種打理家務的責任心，一張開眼睛想的就是如何安撫家中小兒、清理房間、準備三餐，一忙起來真是三頭六臂都不夠用。真正空閒下來了，只想窩在沙發上好好追劇，哪有心情來場浪漫約會？

「有了小孩以後，我們每天的生活都是在忙各種小事。真的都是小事，但是是千百件的小事……我的賀爾蒙大概在當媽的這一年消失殆盡了。」她下此結論。

婚姻、育兒……這些生命中的新階段似乎為我們與另一半的愛情帶來不少改變。

「和我在一起，妳快樂嗎？」那天下午我和保羅在河邊看著秋日風景，他忽然這麼問我。

「快樂啊！怎麼了？」我因為眼前的美景而心情愉悅，不知道他哪來的多愁善感，沒頭沒腦冒出這麼一個問句，難道我看起來不快樂嗎？

「沒事。只是妳以前很常說，說妳和我在一起很快樂，也很常說妳愛我。」我看著老公像小孩子一樣輕聲抱怨，正想反駁──哦，是嗎？因為我以前不需要替你洗衣做飯，不需要早起做三明治、照料狗女兒出門上廁所，以前的我不用做這些雜事，當然有很多很多的「閒功夫」跟你甜言蜜語。

話到嘴邊，又吞了回去。算了，家務他做的也沒有比我少，我也曾抱怨過婚前那些浪漫的玫瑰花、巧克力現在都去哪裡了？相較之下，我們是半斤八兩，彼此彼此吧！

當晚不知為了什麼事，保羅和我又鬧得不愉快。滿肚子氣

的我早早就爬上床睡覺，心想與其跟你鬥嘴，不如多睡幾個小時更對得起自己的身體健康。半夢半醒之間，聽到他在廚房乒乒乓乓，不知在搞什麼東西……

半晌後，他在黑暗中摸上床，輕聲地對我說：「我不想妳氣呼呼地睡覺……我愛妳。妳還在生氣嗎？」

因為睏意，我的怒氣早已消了大半，便不假思索地回：「不氣了，睡吧！」

隔天大清早起床，我走進廚房例行公事先幫自己準備一份早餐，開燈就看到一排排的巧克力餅乾晾在烤盤上。哦，原來這傢伙昨晚心情不好就跑到廚房幫自己烤餅乾啊？

一邊還想著昨晚我們到底是為什麼鬧得不開心，一邊卻眼尖地發現有幾塊巧克力餅乾跟別的長相略有不同。

沒幾秒我就懂了，那幾塊是為我特製，放了核桃的巧克力餅乾──因為我嗜吃核桃。

所剩無幾的怒氣，瞬間煙消雲散。

婚姻帶來很多改變，我們之間也許會少了很多的甜言蜜語跟浪漫，但本質是不變的。正因為相信那種不變，我們才在索然無味的平常生活中，繼續獲得相愛的力氣。

見一面,少一面

第 15 餐:肉桂蘋果塔
Cinnamon Apple Tart

提早搬回佛羅里達,其實是意料之外的事。

初來乍到美國,巴爾的摩的確為我帶來不少文化衝擊,我常感覺幸運,能夠以一個移民色彩豐富、文化多元且充滿歷史痕跡的城市做為新生活的開端。

然人生的陰錯陽差,常不是我們能夠預料得到的。什不到一年的時間,我們隨工作的安排遷回保羅的故鄉——佛羅里達。搬家過程的忙亂雜沓就不提了,清早出發,拖著兩人的全副家當,我們共開了兩天的車,奔馳在筆直的州際公路上,感受到一路向南風景的差異。隨著氣候越來越暖,我們身上的大衣一件件解下,並開始被熱情的艷陽包圍,我知道已踏入佛羅里達州的範疇,心情也忍不住雀躍起來。

「到的第一件事,我想先去看看外公、外婆。」距離婆家只剩不到一小時的車程,保羅忽然開口提議。

　　我了解他此話的目的。保羅的外公、外婆年事均高，尤其外公今年生病進了一趟醫院後，身體健康便大不如前。

　　「外公應該是下一個離開的人吧！」他淡淡地說，我聽的心中泛起一陣複雜感受。

　　仔細想想，今年對我們而言，真是充滿別離的一年……

　　年初，保羅的爺爺剛離世，而我也揮別了台灣的家人朋友，隻身前來美國──今年好像有超過半數的時間，我們都在學著怎麼說再見。

　　上回要從台灣回美國前，見了許多親戚朋友，還有對我諸多照顧的長輩。常常忘記自己已經不再是小孩的我，只有在看到長輩臉上陌生的皺紋時，還有長輩們進出醫院遭逢病痛的次數增加時，才會猛然驚覺，隨著自己年歲漸長，那些「大人們」也一步步成為了「老人們」。

　　拜訪保羅的外公、外婆前，我親手做了肉桂蘋果塔，聽說老人年紀大了，味覺的敏銳度會大幅降低，而少量的甜食能增進食慾。看到我們帶著禮物來訪，外公、外婆非常開心，握著我與保羅的雙手聊了很久。

　　離開之前，好像忘記我們都已經是三十歲的大人一樣，保羅的外婆抓了一把糖果塞在我們手裡，叫我們回家慢慢吃。我

想到從前外婆也是如此，常看著我半開玩笑半認真地說：「哇欽孫女今年甘哪十六歲！皮膚幼咪咪，金水！金水！」，永遠把我當成長不大的小孩在寵。

　　曾聽人說，人與人之間的緣分，見一面即少一面，年紀還輕時不懂得珍惜，揮霍彼此相見的機會。

　　然而，在這兩三年間，體驗了萬事無常，每見一面，心中總隱約感嘆，不知道下次相見會在何年何月。

順應環境而生的新家鄉味

第 16 餐：美式中國菜
American Chinese Food

　　到美國來，除了墨西哥菜之外，最經濟划算的就是吃中菜了。然而在巴爾的摩嚐到的中菜卻很難讓人滿意，若不多花點錢上館子去，在一般的中式快餐店很難吃到地道的中菜。

　　中菜在美國相當普遍，每個小區都有快餐店。但美式的中菜，絕對與我們一般在台灣吃到的口味不同，若你依照自己心中的想像來點菜，即使菜式相同，最後上桌的餐點可能會讓你丈二金剛摸不著頭腦——像我就曾吃過一盤完全沒有花椒、青蔥段的「宮保雞丁」！

　　在台灣快餐店買便當，除了一項主菜外，另外會搭上兩三樣配菜，通常是炒時蔬、荷包蛋或滷蛋、辣炒豆干等。好的配菜有畫龍點睛之效，在一個飯盒裡左挾一塊肉、右挾一口菜，想不到這種稀鬆平常的口味到了美國卻成為奢侈難尋的享受。

　　美國的中式快餐飯盒，一打開往往就只有主菜與白飯兩樣，但分量毫不客氣。我們常點了幾個不同菜色的飯盒，一打

開面面相覷，看不出你的和我的有什麼不同？相較於台灣吃到的飯盒，將菜肉分開，一格格地裝好，這裡的快餐店圖方便，總是把菜肉炒在一起，而美式中國菜醬汁又特別濃稠，吃到最後總成了燴飯。

晚餐時在餐桌上聊起此事，保羅的爸爸聽完後對此事感到頗為驚奇——「為什麼要把菜跟肉分開放？不是都一樣要吃到肚子裡去的嗎？」

我們笑著解釋，不同的菜有不同的調味，例如主菜可能是炸排骨，配菜是炒青菜、滷豆干，每樣味道都不同，當然不能混在一起。

聽完我們的說明，保羅爸爸聳聳肩說：「到了我盤裡，我大概一樣會把它們攪和在一起吃了！」

保羅的媽媽為我們做了中式炒菜（stir fry）當晚餐（我實在不知道怎麼幫這種料理的中文應該怎麼翻譯？大雜燴？），口味倒是很不錯，嚐起來很家常又不油膩，比快餐店買來的好吃許多，這大概就是所謂「媽媽的口味」。

美式雜燴裡經常放的蔬菜有花椰菜、紅蘿蔔、蘑菇、玉米筍、甜豆，有趣的是還會出現「荸薺」（water chestnut），美國人特別喜歡它爽脆的口感。所有材料炒在一起，省時省力，就一個菜式，足量的蔬菜纖維也攝取到了，對主婦來說，

確實比一頓晚餐要同時炒出三四樣菜色來得輕鬆。

　　至此我明白，與其爭辯真正的中菜應該是什麼模樣，不如接受一樣事物到了另外一個環境會順應自然長成一副新的姿態，而那不見得是一件壞事。

昔我往矣，楊柳依依

第 17 餐：紅豆湯圓與台灣小吃

Red Bean Paste Tangyun and Taiwanese Street Food

　　雖然已在美國住了一段時日，但想家的次數未曾減少過，十二月底的佛羅里達依舊是天天天晴，宛若夏天的氣候讓我在看到臉書上的朋友分享「冬至」降臨的訊息時，有種時空錯亂的感覺。

　　其實在台灣已經好幾年沒認真過冬至了，還記得小時候老爸會認真地買元宵回來煮，在冬夜裡煮一鍋愛之味花生湯，下一整包白白胖胖的團子——那時的我們還不懂一顆包餡的元宵卡路里有多少，總是一碗一碗地添。

　　長大後懂得忌口了，也不覺得冬至是多特別的日子，漸漸就忘了這吃湯圓的傳統。金山南路上有名的政江號，就在前公司附近，只有偶爾當辦公室要慶祝大小事時，大夥兒才會一起吃碗紅豆小湯圓，沾沾喜氣。

　　不知道為什麼，人在異鄉，過去那些不注重的細節一點一滴都格外讓我掛懷。傍晚躺在床上，一邊滑著手機看台灣朋友們的動態，一邊喃喃自語：「今天是冬至，冬至要吃湯圓耶！」

　　此話一出，身旁的保羅反應比我還大，馬上接口：「妳昨天怎麼不說？如果妳昨天說了，我今天下班就可以從坦帕的華人超市買湯圓回來了！」

　　我被他的反應嚇了一跳，「我只是說說而已，不是什麼大

節日，也沒有一定要過，冬至沒吃湯圓，只是小事啊……」

「當然這些都是小事，但是這些小事累積下來，就會造成有一天晚上妳會躺在床上說：『我好想家，我想台灣。』」保羅看著我，認真地說：「這裡也是妳的家，妳可以按照妳在台灣的習慣過日子，妳如果想吃湯圓，就讓我去幫妳買湯圓。」

我忽然很感動，不知道該說什麼，只好先點點頭。這些日子以來，我偶爾會無病呻吟，說著想家、想台灣、想朋友、想親人，原來我嘴上的牢騷都一字不漏地進了他的耳裡。

湯圓還沒吃到，心頭已經暖暖甜甜的了。

又有一回，保羅千里迢迢開了很久的車，就為帶我一嚐道地的「台灣小吃」。雖然只是一家小小的餐廳，但菜單上玲瑯滿目，真想每樣都點！無奈腸胃空間有限，只點了滷肉飯、蚵仔煎、鹹酥雞、冬瓜撞奶加珍珠……

這些東西我在台灣也很久沒吃了，殊不知來到國外卻特別想念。在美國，每天都想家——想家是一種快樂也罷、難過也罷都放不下的情感。

那天去看一群從中國來的阿姨們練跳民族舞，背景音樂放著「採薇」，歌詞只有四句——

昔我往矣，楊柳依依；今我來思，雨雪霏霏。

聽懂了語意，心中頓時多愁善感了起來。

我常告訴自己不要想家，要堅強一點，有很多目標要努力，腳步不能停下來，偶爾還是勉強地都流淚了。我跟婆婆說，覺得自己很不勇敢，婆婆反過來安慰我，當年她從紐約搬到佛羅里達都會不習慣了，何況是橫跨太平洋而來的我呢？

遠嫁他鄉有很多的挑戰，娶一個這樣的女孩也有很多的挑戰，這半年來，體會到自己的喜怒哀樂有人共同承擔，生活中的大小事也與他禍福同享，覺得彼此都是很幸運的。

雖然我們都選擇了比較辛苦的路，但身邊的人還是能讓我們覺得這是值得的幸福。我很愛叫苦，實際上卻從來都不怕辛苦，想到老公的呵護疼愛，台灣和美國家人的支持，就覺得自己可以好好加油下去了！

餐桌上談佳節傳統

第 18 餐：蛋奶酒與潘納朵尼麵包

Eggnog & Panettone

　　誠如華人慶祝農曆新年，餐桌上總會出現平時沒有的大菜，西方人過聖誕節也有特別的菜式，並隨民族、國家而有些微差異。

　　如要一一解說，大概免不了長篇大論，只得先從一兩樣在台灣時並不熟悉的餐點開始聊起。

　　去年在台灣的歐式聖誕市集上，看到眾人嚐鮮「香料熱紅酒」，今年在美國則嚐到另一種不同的佳節飲品。婆婆在感恩節的時候買回來這種特別的飲料，叫做 Eggnog。這種飲品只在歲末時出現，中文名稱做「蛋奶酒」，在感恩節至聖誕節的這段期間，除了 Eggnog 本身，還衍伸出許多利用其製作的各種糕點、飲料——連星巴克的當季拿鐵都出現了 Eggnog 口味。

　　「蛋奶酒」由雞蛋、牛奶、鮮奶油、糖、香料（通常用肉桂及肉豆蔻）做成，本身並不含酒，製作時蛋黃及蛋白必須分離。牛奶、鮮奶油、香料煮至小滾，注入蛋黃糖液中並一邊快速攪拌，完成後冷藏備用。食用前與打至軟性發泡的蛋白一起混合，便能創造出綿密的泡沫口感。

　　既然沒有酒，為什麼叫「蛋奶酒」呢？實因慶祝佳節，沒有一點酒精的刺激實在沒意思，甜甜的蛋奶飲料混合白蘭地、蘭姆酒或是威士忌，又有新的滋味。

　　一邊喝著 Eggnog，一邊聯想到泡沫紅茶店在台灣蔚為潮流的那個年代，菜單上各種花式飲品的其中一項：蛋蜜汁，曾經也是我的最愛。摻和了蜂蜜、檸檬汁、柳橙汁、雞蛋、牛奶的飲料，放在雪克杯裡由櫃台前的「雪克娃娃」猛烈扭腰擺臀後製作而成……

　　連喝一杯飲料都能牽扯童年，恐怕是年紀漸長的後遺症吧！

　　除了飲品，如果問到美國人慶祝聖誕節吃什麼傳統點心？毫無質疑是 Panettonne（潘納朵尼）！源自於義大利米蘭，這種傳統糕點又像甜麵包、又像蛋糕，通常夾著水果乾、葡萄乾，是家家戶戶歡度聖誕、新年時的必備點心。因為 Panettonne 的外型高如塔狀，常要用梯形的紙盒裝著，在賣場裡非常好認。吃了幾天的 Panettonne，可以拿來做什麼變化呢？上網查了一下，麵包布丁是個快速又簡單的選擇。

　　布丁向來是我的最愛之一，而麵包布丁就是「我很醜，可是我很溫柔」的經典代表，身為甜點外貌協會一員的我，唯有在面對麵包布丁時，不會「以貌取布丁」，越醜代表餡料越豐富、越好吃！大匙大匙地挖便是了！

　　布丁材料簡單，不外乎雞蛋、牛奶、糖（我以杏仁奶代替），為增添風味，可自由加入各種香料，像是肉桂、豆蔻、香草籽，或削點檸檬皮等。把撕成一口大小的 Panettone 均勻

鋪在烤皿裡，倒入布丁液，並稍微用湯匙壓一壓，使每塊麵包都能均勻吸收蛋液，接著放入其他佐料。最常見的是葡萄乾、蔓越梅乾，家裡剛好有先前做蛋糕剩下的酒漬櫻桃（我們用的是 chambord 香甜酒，帶有桑椹、蜂蜜、香草的風味），就闊氣的一起丟到布丁裡。

350℉ 烤四十五到六十分鐘（視分量加長時間），為了保持布丁的濕潤度，我在下方烤盤放了一碗熱水，使烤箱內不會過於乾燥，直到搖晃烤皿時布丁不再搖動出水就大功告成啦！！

我們買的 Panettone 還有包含碎巧克力，看到麵包裡的巧克力也微微融化與布丁你儂我儂，就覺得這一定好吃！等不及今晚的聖誕大餐啦……

*Bread pudding
麵包布丁

- 隔夜麵包 6 片
- 融化奶油 2 大匙
（如果使用的麵包是比較油的類型像是可頌就可以省略）
- 雞蛋 4 顆
- 牛奶 2 杯
- 砂糖 3/4 杯
- 香料適量
- 葡萄乾、果乾適量

每逢佳節倍思親的真諦

第 19 餐：聖誕大餐

Christmas Dinner

　　籌備兼期待了快一個月的聖誕節就在昨日落幕了。世界各地無關信仰，同時慶祝一樣的節日，用不同的語言，對彼此獻上祝福，實在是一件奇妙的事。

　　當然，每一年都會有人對「為何要慶祝聖誕節」提出質疑——有些人說，這是一場資本主義的商業陰謀；有些人說，這無關我的宗教信仰我為何要跟著買帳？有些人說，我又不是阿斗仔，幹嘛跟人家一樣慶祝洋人的新年……

　　反對慶祝聖誕節的理由有千百種，當然聖誕節也不是唯一一個被攻擊的節日，受到同樣遭遇的還有情人節、感恩節，甚至戰火偶爾也曾波及中秋節……

　　不管在台灣或是美國，諸如此類的抱怨不曾停息過，但大多數的人還是一年又一年地「屈服並沈淪」在節慶的氣氛中。

　　雖然我不是基督徒，不甚明瞭聖誕節的宗教意義，但我仍喜歡聖誕節。這個節日給我太多的回憶，我仍記得小學時在上達書店裡為每一個同學挑選聖誕卡片，並誠摯地寫上祝福的話，長大一點，身邊有點零用錢，會和同學玩交換禮物（雖然大多數都換到莫名其妙的東西），出了社會，與久未聚首的朋友，利用這個節日訂家特別的餐廳，好好慶祝一番……

　　今年聖誕節的前夕，也曾聽過不少人在我耳邊抱怨，唉呀每年都要為這個節日忙進忙出、準備給每個人的禮物，又要擔

心買錯東西，又要擔心買得不夠，真的好煩！聖誕節的意義應該是讓大家團圓，而不是浪費時間在挑禮物或浪費錢去買禮物上……

此話聽來有幾分道理。

還在當無業遊民及初次接觸聖誕節傳統的我，在籌備的過程中當然也有手足無措的時刻，像是誰喜歡什麼、該買多大金額的禮物才不失禮……等等。

今年我除了買幾項小禮物之外，還親自烤了好幾種不同的餅乾，湊成一盒盒禮物分送給親戚。我一盤一盤烤著餅乾，有時候很累，老公總會說：「如果很累就不要做，做點心如果讓妳覺得壓力很大那就失去意義了！」

但就在忙過這一輪後，仍覺得十分值得。坦白講，這世界上哪有不累的事情呢？不論是父母對兒女、老公對老婆、孩子對爸媽……花點氣力，討好心裡在意的人，不就是再累也想努力去完成的任務嗎？

不知是否我奴性堅強，這樣的負擔及壓力，常讓我腰酸背痛之餘也覺得甜滋滋的。

聖誕節前夕，我們去賣場採購大家的禮物，因為已經是最後關頭，我和保羅兩人分頭行動，在賣場裡面東奔西跑，彷彿

參加綜藝節目一樣（以前台灣綜藝節目裡有個遊戲好像是讓參加活動的來賓在限定時間裡拼命搬貨）……

因為我們還要買給對方的禮物，所以「保密防諜」措施不可少，以訊息互通有無，以免剛好走進同一家店，驚喜全失。

想到禮物都是送禮者絞盡腦汁而產生的結晶，或者不管送

了什麼，起碼那份禮代表著過節的當下「原來你也想起了我」，很難不將這份情意傳到收禮者的心坎裡吧！

過節的意義，對每個人、每個家庭都不同。

節日早上，與婆婆閒聊，婆婆說：「每年過節我都要半強迫兄弟倆一定要用點心思準備禮物給對方。如果他們每年都這

麼做，等我走了以後，至少每年有一個時候，會有這項傳統把
他們牢牢牽在一起。」

　　不管是什麼節日，要進行什麼樣繁複的儀式──從西方的
萬聖節挨家挨戶要糖果、感恩節吃火雞大餐、聖誕節互相送禮
到東方的春節年夜飯、清明祭祖、中秋烤肉，終歸是人類行為
裡寄託情感、付諸行動及呈現在物質上的方式。

　　如不帶感情，這些節慶或許早就消失殆盡了。

與枕邊人的早餐辯論

第 20 餐：蔥抓餅
Scallion Pancake

在美國生活的小小成就之一，是老公從不吃早餐／胡亂吃早餐的人變成一個習慣吃早餐的人。剛開始我們為此爭執過幾回，因為我從小到大被灌輸「早餐是最重要的一餐」的概念，實在無法體會不吃早餐，或者吃餅乾當早餐是什麼感覺，早餐不吃飽，怎麼有氣力做事呢？

來到美國發現，不吃早餐的人還不少，甚至很多人早餐、午餐都吃得很隨便，等到晚餐再一次補全，這更與我在台灣的飲食習慣大相逕庭了，晚餐吃那麼多還沒來得及消化就要上床睡覺，對腸胃很不好呀！

台灣人很固執，美國人也很固執，這半年的經驗告訴我：若想以「我從小到大這麼做」、「台灣人都這麼做」、「媽媽說的」、「老祖先流傳下來的」這一套來說服阿斗仔，還是省省力氣吧！最有用的辦法是上網做功課，查資料，如有科學佐證，對方才會甘願閉嘴。

　　不查則已，一查不得了，網路上正反兩方意見都有，有些研究說吃早餐對身體好，也有些研究說吃早餐對身體不好，而晚餐也是一樣，睡前吃東西，不一定會對每個人都造成負擔，但像我這種曾有過胃食道逆流症頭的人，就不適合吃飽沒消化就上床休息。

　　後來想想也很有道理，每個人的生活作息不一樣，有些人起床後需要點時間暖機，馬上進食等於透早就讓腸胃開工，如果吃的是油膩的東西，可能馬上就跑廁所。但天生汗草好，粗

工體質如我，從前在台灣早餐來碗鹹粥、米粉湯都是沒問題的！直到上班以後才慢慢改為咖啡和麵包……

後來我就不太強迫老公要吃什麼樣的早餐了，早上起來看他喜好，有時準備餅乾點心，有時是一根香蕉、一個馬芬或一片烤土司。

我現在早上也吃得隨性，有什麼吃什麼。偶爾想念台灣味，最簡單的就是幫自己煎一份蛋餅，剛開始會去超市買蛋餅皮回來煎，後來發現手邊沒蛋餅皮時，用包 taco 省下的餅皮一樣可以做，而且也很好吃！尤其愛麵粉做的，比一般蛋餅皮稍厚，吃起來口感更好。

上次拿了冰箱裡屯著的冷凍抓餅出來煎，老公看到之後說他也要來一份，最近早餐還會指名要「scallion pancake」（蔥抓餅），接到指令，為妻常然速速前往準備，邊煎抓餅邊想：哇！看來枕邊人的飲食習慣好像慢慢被我影響了！想著想著，忍不住嘴角上揚，洋洋得意起來！

這個吃了對男人很好哦！

第 21 餐：韭菜盒子

Fried Chinese Chive Pocket

　　上個週末好朋友請我教她包韭菜盒子，說來這也是我的第一次，因為從前在巴爾的摩只包過高麗菜口味，但想想僅是內餡的差異，應該不難，便一口答應了。

　　從亞洲超市買回兩把韭菜，切末的過程，整個廚房瀰漫著韭菜味。我心想：天啊！生的韭菜味原來更重！我都有點受不了，也難怪家裡人都皺起眉頭，紛紛走避！

　　炒好的韭菜餡臭味沒了，包在盒子裡煎得脆脆的真好吃，我還向朋友推薦我心中的家鄉味三寶：白胡椒、香油、辣豆瓣醬。餡料只要添了白胡椒粉跟香油，味覺立刻從西洋回到東洋，煎好的菜盒配辣豆瓣醬更是一絕！

　　韭菜盒子做好了，我跟老公推薦，原本他還有幾分猶豫，大概是生韭菜的味道太嚇人……

　　「可是聽說韭菜對男生很好誒！」我說。

　　此話一出，他馬上囑咐：「那記得幫我留一個哦！」

　　男人不管活到幾歲對「這個吃了對男人好喔」這句話都很買帳，就像女人聽到「這個對減肥很有效喔」就會馬上下單是一樣的道理……

　　以前阿公養蜂，坐在蜂箱旁顧蜂時總要提防偶爾來襲的虎頭蜂。午事已高的阿公抓虎頭蜂可是身手敏捷，記得他會放罐米酒頭在身旁，待虎頭蜂被酒香吸引而來，停靠在瓶口時，他就網子一撈、手指一捏，把虎頭蜂塞進酒瓶裡關起來。

　　不出多久時間，虎頭蜂就會慢慢溺死在酒裡（也是一種很浪漫的死法啦）。就這麼累積，一罐米酒頭可以泡半罐的虎頭蜂，看著酒瓶裡成群的虎頭蜂真讓人頭皮發麻！

　　而虎頭蜂酒可以幹嘛呢？

　　它可是原住民口耳相傳，「對男人很好」的聖物啊！過去有不少烏來的原住民會騎著摩托車，三不五時來找阿公買虎頭蜂酒……

　　我曾經開玩笑對當時已經八十好幾的阿公、阿嬤說：「你們開店賣虎頭蜂酒，如果有人有興趣，再聽到旁邊的我叫你們『爸、媽』，鐵定更顯此酒神威！」

　　我一講完，阿嬤馬上邊笑邊罵我「不蘇鬼」、「三八機」……

　　回想起來，當時小小年紀就有詐騙集團的腦筋，實在不簡單啊！

踏出求職的第一步

第 22 餐：草莓生乳酪蛋糕
Strawberry Raw Cheese Cake

2017 年的年尾，忙完了婚禮、聖誕節、新年後，我便開始投履歷、找工作，準備迎接新的職場生活。半個月過去，我終於盼來了我的第一個面試機會。

帶著既緊張又期待的心情，找到了巾區某家知名烘焙西麵包店報到，當天與我面試的烘焙主廚長得像馮迪索！既然我不確定他的名字怎麼拼，就暫稱他為馮迪索好了！

面試時馮迪索問了不少問題，像是：「妳拿得動五十磅嗎？我是說像一袋麵粉那樣！做烘焙可不能太瘦弱啊！我都有在練！」

看得出來……

「我必須提醒妳，這個工作不像電視上那樣光鮮亮麗（主廚曾上過幾次電視），很多人看了節目想來應徵，最後都打退堂鼓。烘焙有時候是很無聊的，日復一日揉著一樣的麵團、做

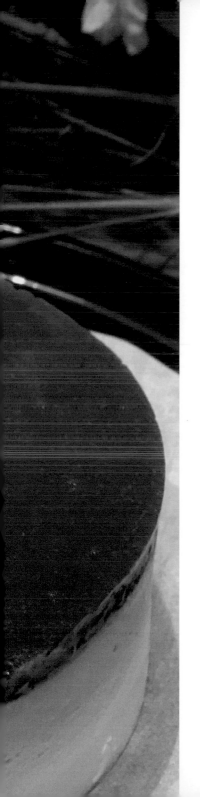

著一樣的餅乾，我們雖然做烘焙，但也一樣要協助清潔環境、搬東西甚至交貨，團隊雖然是各司其職，但也要互相幫忙……」

我心想，不要緊的，這我熟悉，我過去在電信公司當業務的時候也練就一身武藝，驗屋、跳舞、主持、手工藝……

面試的過程中，為了展現自己勢在必得的決心，已把英文說得流不流利的小安全感拋之腦後，只專心回答馮迪索的問題及展現自己的長處。

我還帶了一個草莓牛乳酪蛋糕和檸檬塔做為手藝的佐證——其實，面試前他們並沒有這麼要求我。

「我看過你們先前的菜單，知道你們有賣慕斯蛋糕和檸檬塔。」

我把兩樣昨天做的點心推向前，馮迪索看了頻頻點頭：「這跟我之前在奧蘭多某飯店做過的糕點很類似呢！我會

把它們冰起來，等主廚看過之後再跟大家一起享用。」

　　參觀完該店的廚房、各項烘焙設施後，這場面試便順利結束了，接下來就是回家寫封感謝信，然後靜候佳音囉！

　　雖然不知道能不能獲得這份工作，但還是很感激有這個面試機會，紙上談兵再多次也比不上一次真槍實彈，我對之後的工作面試更有信心了！

　　下禮拜還有另一場面試，我心中已不再緊張，而是充滿期待！

在美國的第一份工作

第 23 餐：聖多諾黑泡芙塔

Saint Honore

今天是我的第二個面試，職位是法式小餐館的烘焙師傅，餐館是由一對法國人兄弟所開。一早就要出門，面試又安排在十　點，本想什麼也不帶兩手空空地去，卻在清晨醒來時反悔，因而燒了一鍋焦糖，開始組裝我的聖多諾黑泡芙塔。

沾好焦糖的泡芙是有時效性的，當天吃才能吃到焦糖的脆，如果在冰箱冰了　夜，焦糖吸收了濕氣就會慢慢軟化，就沒那麼好吃了。

捧著裝好泡芙塔的點心盒，站在還沒開門的餐館外，想著多虧上週的第一場面試，一回生二回熟，今天果然不緊張了。眼看面試時間逐漸逼近，我推開門——

面試維持了十五分鐘，走出門外的時候，其實有點不敢相信，有點想尖叫，但還是把這股情緒壓下了，走過轉角，我在公車亭坐了下來，馬上給保羅發了簡訊。

「I got the job.」

現在回想起來，我連驚嘆號都沒用呢！像是生怕這場美夢會因為大驚小怪而忽然破滅似的。

與我面試的人是老闆兼主廚，兄弟檔之一，我屁股才剛坐下，他便單刀直入地說：「我們看過妳的履歷了，很好，很適合我們，我們需要妳的時段是——」

我拿出筆記本，把工作時段記下，邊抄寫邊想：嗯！這個schedule 看起來挺不錯的。

講完工作時段之後，他又旋風提到了待遇，我按照之前在家裡排練的，表達我希望一年之內表現不錯能加薪，老闆也笑著爽快答應。

講完了工作時段、待遇，接下來應該是讓我回家靜候佳音了吧？

但就在我還沒反應過來時，老闆說：「什麼時候可以上班？明天來吧！妳學得快嗎？除了烘焙，還喜歡做菜嗎？我們會教妳很多東西哦！如果妳有不錯的新菜色，說不定也能放在菜單上！」

我又驚又喜，答應老闆禮拜四先來試試。

「啊！對了，這個是我特地帶來給你的。」差點忘了早起準備的聖多諾黑塔。

「哦，」老闆看了之後馬上說，「Saint Honore！謝啦！我最喜歡巧克力！」

不想讓對方發現我其實開心得有點傻住了，因為我實在沒料到會被當場錄用，踏出店門前還故作輕鬆地跟大家揮揮手：「那就禮拜四見囉！」

回到家後，發現上週面試的烘焙坊也來信希望再與我在電話中細談，而我禮拜三還有另一場面試……

把好消息分享給親朋好友後，沈浸在自己又跨出一小步的幸福中，因為禮拜四就要上班了，我還手刀添購了工作用的黑鞋跟黑長褲。

我實在是迫不及待地要翻開這新的一頁了！

不將就的人生

第 24 餐：希臘千層核桃酥派

Baklava

Baklava，希臘千層核桃酥派，每次吃這道點心，總會讓我想起剛搬回佛州而暫住在公婆家的那幾個月。那一區有家頗負盛名的希臘餐廳兼糕點店，不分平日、假日總是人潮洶湧，Baklava 就是他們店裡的招牌點心，一層薄酥皮，一層核桃碎，層層疊疊再淋上蜜糖漿，是雖然甜膩卻又讓人難以放棄的滋味。我剛開始找工作時，第一個想到的就是那家餐廳的烘焙廠……

在我選擇到另一家店上班的一個禮拜多前，這是我第一次主動打電話追蹤履歷的工作。在美國求職，保羅總會不斷提醒我要主動一點，只是網路上填一填資料送出，工作不會自己找上門，通常一兩個禮拜後要親自致電對方詢問進度。當時的我因為丟了履歷後遲遲沒收到回音而對自己很沒自信，雖然是一通簡單的電話，卻讓我遲疑了好久才撥出這個號碼。

現在回想起來，我覺得自己很幸運，接電話的女士非常親切，知道我來電的目的後，在線上就直接瀏覽我寄出的履歷，

給了我很多正面的回應，並允諾會協助安排我進行面試。

那一通電話是一個好的開始，接下來幾天，我順利地又獲得了第二個、第三個面試機會。跨出那一步後，我發現雖然自己的英文溝通能力還沒那麼強，但主動爭取機會也沒有想像中難。

有趣的是，我應徵並獲得面試機會的三家店，性質都不太一樣，面試的風格也有所差異。

第一家店前身是法國餐廳，現在轉型為輕食、烘焙店，兼作 catering（外燴）、wholesale（批發），老闆自己也是主廚，並在螢光幕前曝光過，在當地頗具名氣。店裡目前販售品項主要是可頌、歐式麵包等。當天面試我的是烘焙主廚馮迪索，面試時間大約三十分鐘，除了詢問我的背景、能力之外，也向我介紹工作內容並帶我參觀工作場所。不過因為老闆沒有參與面試，當天我們並沒有談到工時及待遇。

第二家店便是前篇文章提到的法國小餐館，主廚兼老闆是一對法國兄弟檔，因為開在學校旁，店裡販售的餐點比較迎合學生及教職員的口味及價位，從鹹派、披薩、漢堡到各種法式甜點，兼作 catering（外燴）及烘焙課程，客源穩定，也很受歡迎。吸引我的是正宗的法式烘焙。與我面試的是老闆本人，非常親切（長得又帥），整場面試大概只花了十五分鐘，老闆似乎在面試前看過履歷就決定了八成，介紹工作時讓我感覺在

這裡會擁有比較大的彈性和學習空間，工時及待遇也算理想。不過因為面試時間很短，這樣的「法式浪漫」讓我又喜又驚，實際狀況要等工作了幾天才能掌握。

而這家希臘餐廳的烘焙廠，公司規模是三家中最大的，除了有自己的餐廳、烘焙坊，也做 wholesale（批發），銷售店家遍布全國，有專業的人事經理負責招聘。面試時間也是三家中最長的，大約有四十五分鐘，人事經理將我的履歷、作品集整理成檔案，仔細地詢問我的背景、我對各項烘焙技能的熟悉度，也詢問了我對未來的生涯規劃、認為自己能對該公司帶來什麼助益等等。

這三次的經驗下來，我發現事前的準備永遠不嫌多餘，三家店都沒有要求我攜帶任何的作品前往，我擅自做了決定，每一次面試都帶著我做的點心赴約。本意是擔心自己英文說得不夠好，無法表達我自己的能力有多少，紙上談兵不如親眼見證來得強。

今天的面試官看到我帶了點心後表示：「我擔任這個職位（人事）五年半了，面試過不少烘焙師傅，但妳，是第一個面試時帶著自己做的點心來的，這給我很好的印象。」

在正式的洽談中，因為不是使用自己的母語，難免有些緊張，偶爾要穿插一些輕鬆的對話讓氣氛好一些，而這樣的技能我在過去六年擔任業務時已受到多次的訓練……

　　結束之前，對方很慎重地將我的資料收好，並說會再替我安排一次與老闆的面試。在短短的幾次面試裡，我感覺自己的信心一點點地回升，心態與兩三個禮拜前的自己有很大的不同。

　　還記得幾天前，我剛獲得第一個面試機會，已興奮地覺得有工作就好，並沒有想過我在短時間內還能有更多選擇。與公公提到此事，他替我高興的同時，也不忘提醒我「Don't settle.」，不要將就，要把眼光放遠。

　　因為十年之後，我們會為當初那個沒有將就的自己感到驕傲。

烘焙要精準,料理憑感覺

第 25 餐：克拉芙提

Clafoutis

「啊！好想做 brioche 啊……」

昨日在廚房工作，偷米（我的老闆）忽然大嘆一口氣說。

「妳知道 brioche bread 嗎？」

我點點頭。

天涯遇知音，偷米很高興地開始說：「我做的這種 brioche，裡面包了@#$%^……很好吃啊～～」

不是我不認真聽，偷米口音有點重，偶爾要花兩三秒才能意會到他在說什麼，遑論他開始講起許多我還搞不懂的食物名稱時。

「但是，brioche 做好之後，只能擺兩天，兩天以後就不新鮮、不好吃了。」

　　經營一家小店，縱使有再多自己想做的東西，想把甜點櫃擺得滿滿的，但市場主流仍是考量要素。

　　「我真的很想多做一點烘焙，」偷米說，「可是這家店要開下去，還是要做大部分客人想吃的東西，像是三明治、漢堡、披薩……」

　　速食文化是美國人飲食的重點，我總覺得有時候美國人忙起來就不太重視「吃」這件事。偷米笑談，即使小店只在學校一街之隔，有時候天氣冷，大部分學生寧可窩在家裡吃麥片，教職員則抓塊麵包或餅乾囫圇吞棗，也不願踏出門好好享受一頓美食。

　　「我們在法國，早餐、午餐、晚餐，分別都要吃上一個半小時，總共加起來一天四、五個小時都在『吃』！跟這裡差很多耶！」

　　閒談中，不知不覺來到餐廳開門營業的時間，偷米也已把當日甜點準備好了。

　　「這是什麼？」我看著烤盤上的甜點，好奇地問。

　　「Clafoutis，妳知道嗎？」

　　「哦哦，我知道，我做過，但我們是用櫻桃。」

「對，通常用櫻桃，但最近草莓很好吃，我想改用草莓做。」他把糕點切成一塊塊，輕輕撒上糖粉。

「一定要漂亮，」昨天在學做餐點時，被偷米耳提面命地交代了，「給客人吃的東西，一定要自己也想吃才可以。」

法國廚子跟美國廚了果然在賣相的要求上有很大的不同。

今天一進店裡，切了五公斤的洋蔥、五公斤的番茄，燒了一鍋好大盆的紅醬，而與前一天炒的焦糖洋蔥不同，今天的洋蔥只要炒軟到出水即可，美國人把這叫做「sweat the onions」（讓洋蔥流汗）。

煮完紅醬又煮了一鍋 Carbonara 白醬，偷米總是在小紙條上很隨性地寫下食譜，便大膽地讓我自行操作。

「偷米，這個，」我轉過頭問，「你沒寫，鹽要放多少、胡椒要放多少

啊？」

「烘焙要精準，但料理是憑感覺的。」老闆從廚房那頭飄了過來，隨性地下了調味料，瀟灑地說。

我有點傻眼，只好趕緊隨著他拿了一隻小湯匙來試味道，然後努力把口味記起來。

做完醬料之後，接著學做糖煮西洋梨。

光削個西洋梨就能看出師傅和學徒的差異，一顆西洋梨，偷米不到一分鐘就可以削得漂漂亮亮，梗也完整留著，我大概要花上兩三倍的時間，還總是不小心就把梗去掉了。

在這個小小的廚房裡，感受到自己求知若渴的熱情，每次下班時間一到，雖然臂膀酸疼，卻又有點惋惜，今天竟然就這樣結束啦？好想再多學點啊！

飄洋過海只為了變成一個有故事的人

第 26 餐：義式薄皮披薩
Thin Crust Pizza

披薩是我們餐廳的主要品項，今日老闆偷米開始教我怎麼幫披薩麵團整形，示範了幾次後就放手讓我操作了。

等我整完一盤的麵團，他便進來抽查。

「嗯……這個，」他指著一個底部不平整的麵團說，「這個整得不夠漂亮，我希望妳……」

老闆話沒講完，我就回他：「誒，那是你做的。」

偷米愣了一下，然後大笑：「抱歉抱歉，錯怪妳了。看！我也不完美啊！」

我們一邊工作一邊閒聊，對話中，我忍不住好奇地問偷米：「上次聊到你從小就上廚藝學校，但，你一直都想開餐廳、當廚師嗎？」

偷米搖搖頭。

「那，你是怎麼『誤入歧途』的？又是為什麼會來美國呢？」我追問。

「這個嘛……我一開始是去奧蘭多迪士尼打工啦！然後我

老爸、老媽從法國來看我，順便度假。假期過後，他們就說：『我們很喜歡佛羅里達！我們要搬來這裡！你們兩兄弟也跟我們一起留下來吧！』」我張大眼睛，不敢相信。

如此衝動行事，果然是法國人的浪漫，就跟偷米講不到幾句話就決定雇用我不是如出一轍嗎？

「那……他們現在後悔了嗎？」

偷米給我一個很玄的表情，我了然於心，然後哈哈大笑。

「結果現在我哥決定要回法國啦！就剩我ㄛ。搞什麼，一開始開餐廳可是他的主意呢！」雖然語氣裡有幾分無奈，但從我第一天上班我就注意到老闆對這家小餐廳花了多少心血和熱情，我甚至無法想像他到底每天是幾點睡覺、幾點起床才能一個人做完這麼多事。這家餐廳的開始也許是個浪漫的錯誤，但現在偷米可真的是落地生根了。

就像我對老闆偷米飄洋過海而來的原因感到好奇，來到美國，每每認識了新的朋友，最常被問到的問題就是——「so, what brought you here?」（所以，是什麼把你帶到美國來了？）

一被問到這個問題，我總是笑著簡單回答：「沒有為什麼呀！因為我結婚啦！我嫁給美國人所以就過來了。」

而今天也是——

「妳從哪裡來？」

冷不防地，等餐的客人丟了一個問題來，在我忙得團團轉的時候。

「台灣，你去過嗎？」

「沒有耶！但我知道台北。那，是什麼原因把妳帶來美國呢？」

我心想，又來了，一百零一遍被問到這個問題，不經思考，我再度給出了官方正解。

「但，跟美國人結婚也不一定要來美國啊！妳怎麼不說服他去台北呢？」

我一時之間答不上來，聳聳肩，心想關你啥事，便只給了一個淡淡的笑容作結。

艾索，偷米的朋友，一個嗓音很有磁性的金髮女孩，總是紮著馬尾，帶著一臉的微笑。

這個禮拜，偷米的哥哥放假去了，艾索便經常來店裡幫

忙。

「我是來避寒的，法國的冬天好冷啊！」她癟著嘴說。「妳是怎麼到美國來的？」

我在一分鐘內把我怎麼從台灣遠渡重洋而來，一開始在巴爾的摩，這兩個月才剛搬回坦帕的故事講完。

「哇！American dream！那，妳喜歡美國嗎？」毫不意外的，艾索聽完之後問我。

「我現在還在適應美國的生活，我是從台北來的，台北是一個很棒的城市，跟這裡的環境不太一樣。」每當有人問我從哪裡來，我就彷彿觀光大使上身，一定要幫家鄉美言幾句，「但我很喜歡，在美國可以碰到來自世界各地的人，像妳。我還可以在這裡體驗世界各地的文化。」

艾索頻頻點頭附和。

我忽然覺得下一次，再有人問我類似問題時，我可以有更好的答案和說明了。

我沒有所謂的美國夢，我的夢是在有限的生命裡，接受更多的挑戰、迎接更多的變化，並成為一個有說不完的故事的人。

兩分鐘的事

第 27 餐：招牌番茄紅醬

Signature Marinara Sauce

　　雖然只是一家小餐廳，老闆偷米對我們的菜單有各式各樣的堅持，親手做醬汁便是其中一項。身為一家專賣披薩的餐廳，沒有什麼比醬汁更重要的了。平均每七到十天我們就必須熬一大鍋快二十公斤重的番茄紅醬。剛接下這項任務時的我，一想到要熬紅醬就頭皮發麻，因為那意味著要切七、八公斤的番茄、七、八公斤的洋蔥……

　　當我已經卯足全力在切菜時，身後總會飄來老闆偷米的口頭禪——

　　「Corrinne，切番茄是兩分鐘的事！」

　　切七公斤的番茄怎麼可能只要兩分鐘啦！用機器切都沒那麼快！然而在老闆偷米的標準裡，專業的廚子做任何事情，都只需要短短的兩分鐘。

　　最近廚房裝上了時鐘，我懷疑是為我特別設置的，每次揉麵團、切菜、煮醬，都要偷瞄一眼，看看自己的速度夠不夠快。

　　今天又扛了七公斤的番茄出來切，大約有二十來顆吧！老闆走進廚房，忽然佛心來著地說：「Corrinne，切番茄，是五分鐘的事，記住喔！」

　　哦……多給了我三分鐘。

　　偷瞄了一眼時鐘，我不敢怠慢，馬上開始手起刀落、手起刀落，中間除了切番茄，還要隨時顧一下爐上正在燒的七公斤洋蔥……

　　一刻都不懈怠的猛切，等完工時我才敢抬頭看一下時鐘，哎，竟然花了快十分鐘。

　　偷米再進廚房，看看扁著嘴深怕挨罵的我，似乎還算滿意：「唉呦，妳可以嘛！下次再快一點，加油！」

　　我在心裡嘟囔著，怎麼可能兩分鐘，連五分鐘都很勉強吧！

　　突然有種電影〈進擊的鼓手〉廚房版的感覺。

　　不過回想起來，這兩個半月若不是老闆這樣在我背後嚴格刁難，我也不會進步神速。還記得我剛到班的第一個禮拜，切菜速度之慢，精雕細琢，捏麵團好像小孩子在玩黏土，腦袋裡一次不能運轉超過一件事，否則就很容易凸槌。

　　在這小小的廚房裡，沒有及格就能過關這回事，老闆對於自己、對於我，永遠要求超越再超越……直到老闆偷米脫口說出：「很完美，我想不出還有什麼會比這個更好的了。（Perfect, I can't expect anything better.）」

　　我至今大概得到過這個評語兩次，當下的心情真是爽得要

飛上天了。

　　也許，有天切番茄真的會變成兩分鐘的事，誰知道呢？

法國口音的魅力

第 28 餐：玫瑰帕林內糖

Rose Praline

　　一推開我們餐廳大門，首先映入眼簾的就是一大缸粉紅色的糖果。這缸糖果名叫帕林內糖，是我們自己手工炒的。此糖的的製作過程繁複，外層糖衣被砂糖層層包裹，再由食用色素染色而成。因為裹著粉紅色的外衣，所以被取名為「玫瑰帕林內糖」。每每向客人介紹它，都不忘提及它是來自偷米的故鄉——法國里昂。

　　不管是在台灣還是在美國，法國似乎總與「高級」、「時尚」、「品味」劃上等號，來自法國的產品特別叫人趨之若鶩，甚至連操著法國口音的法國男人，在這裡也格外吃香……

　　託在偷米店裡的福，幾個月來，我認識的法國人比過去二十多年都來得多，其中最吃重的角色就是老闆偷米了。老闆偷米的好人緣，讓他的一幫難兄難弟們三天兩頭就來店裡報到，久而久之，他們也成為我觀察及聊天的「目標」。

　　這群難兄難弟都是老闆同鄉，每次興奮起來，一群男孩總是操著法語嘰哩呱啦地講個不停——是的，男孩們！因為包括老闆偷米，他們一票全部年紀都比我小四、五歲（甚至以上？）啊！！！！！

　　查理是他們其中之一，總是與女朋友一起出現，也是據我所知目前唯一身邊有伴的。

　　查理呢！身高不高，長相很有親和力又為人誠懇（這樣的

形容夠有禮貌了吧！），某一晚我看他一個人來，先稱讚了他女朋友漂亮（是實話），接著又忍不住八卦地與他閒聊了幾句。

此時老闆偷米在廚房外，被幾個阿姨團團圍著抽不開身，威嚴的主廚一下子成了歐巴桑眼中法國進口的小鮮肉──

我指著廚房外，開玩笑地問查理：「法國男生在這裡很有市場呀？」

查理一聽，竟認真地回我：「出乎妳的意料！在這裡，只要你講話帶法國口音，女孩子就會『哇！』地瞬間幫你加分！」

想不到法國口音在這裡竟有這麼大的魅力，怎麼在我耳裡反而是種困擾，我還曾因為聽不懂老闆的口音而鬧過好幾次笑話。

只聽查理一個人的不準，我決定找機會再和老闆驗證此話是否當真。

結果，老闆偷米聽了我的問題，尷尬地笑著承認，法國口音在這裡的確有股神秘的吸引力──

「我自己並不喜歡我的口音，但不知道為什麼，他們倒是

蠻喜歡的。有一次還有人跟我說：『你講的英文，我一個字都聽不懂，但，拜託你繼續說，不要停！』（I don't understand what you are saying, not even a word, but, keep talking.）」

CH29

補子彈的人

第 29 餐：法式三明治

French Style Cheese Sandwiches

　　店裡的招牌菜之一，叫做公雞太太（croque madame），說穿了就是火腿乳酪三明治配上太陽蛋。每週這道法式三明治要賣到近百份，除了一包包的乳酪不停地開之外，還要時時補充新鮮火腿肉，如果前台的肉量庫存變低，就得搬出切肉機即時運作，避免沒料可用。

　　與老闆偷米在工作上的分配，基本上是男主外、女主內，餐廳一忙碌起來就像戰場，老闆在前方衝鋒陷陣，而我是負責後援補子彈的人

　　補子彈這件事，看似簡單，實則不能小看。剛開始上班時，偷米都是自己備料，直到兩、三個禮拜過去了，他才把這重責大任交付給我——

　　「從今天開始，由妳負責每天早上把前台的料備好喔！」

　　於是我從每樣食材的「擺放位置」開始記起，還有各種惱人的起司名稱（外貌長得幾乎一模一樣的 gorgonzola 跟 blue cheese 是大陷阱題！），頭幾天做起來覺得不怎麼難，輕忽了這項工作的重要性，直到有天——

　　「雞肉呢！！！」某晚忽然天外飛來大訂單，二十幾份的義大利麵全要搭配碳烤雞胸肉，我早上補好前台子彈後，並沒有預留軍火，結果突發狀況發生了！剩下的雞胸肉都還在冷凍庫裡，硬梆梆的，怎麼用啊！！

　　果不其然，老闆暴跳如雷，當晚的我又覺得委屈了，心想：我是按照平時的節奏在補子彈，怎麼知道突然會有大訂單呢？這不能怪我吧……

　　當然，老闆不能接受我的解釋，前台雖然補滿了，但明知雞肉解凍需要時間，就算前台是滿的，肉類也要提早拿出來解凍以備不時之需。（為避免影響口感，我們從不使用微波解凍，當天的急救方法是——老闆出手把凍得硬梆梆的雞肉片的非常薄，再用 grill pan 煎……）

　　那是我做為補子彈的人所犯的第一個錯。

　　有了那次教訓，我往後每次備料都是補好補滿，直到有天，我又被唸——

　　「Corrinne，妳火腿肉切那麼多幹嘛！」某個禮拜六早上，偷米看了一下前方冰箱存貨，皺著眉問我。

　　我愣住，心想：補滿也有事？

　　「妳明知道今天是我們這週最後一天營業，接下來休兩天，要到禮拜二才開門，妳火腿肉切一大堆，用不完的話，放到禮拜二不就乾巴巴了！」老闆偷米又開始碎碎念，搭配一副「天啊！妳連這個都不懂嗎」的表情。

　　經過這些教訓，我學到的是，補貨的藝術不在於急著把子彈全部上膛，重點是要懂得掌控好節奏和每樣食材的新鮮度。

　　補子彈這門學問博大精深——補得不夠，前方沒仗打；補得太多，食材不新鮮，打起仗來也不漂亮，而且如果讓前方打仗的人覺得軍火庫飽滿便開始濫用食材，最後還是會累到自己，因為可能馬上又要開始補貨⋯⋯

　　工作即將滿三個月，肩負補子彈的重責大任，有過前兩次的事件後，我很少再犯類似錯誤。這個廚房是只有兩人的小團隊，要面對的卻是近百種食材和餐點品項。這段期間，不停地接受各式各樣的考驗，像是突如其來的大訂單、冷藏室故障，但我們一路都挺過來了，而我們的服務生也從沒對客人說過：「不好意思，ＸＸ賣完了／ＸＸ今天沒有供應」之類的話。

　　曾在台灣去過一間菜單不過只有二、三十種菜色卻在一天之內劃掉數個品項並告知客人缺貨的餐廳，現在回想起來，覺得那真是太不專業了！

該重新排列組合的人生優先順序

第 30 餐：Nutella 餅乾

Nutella Crunch Cookies

　　這個禮拜已不知打了幾缸的麵團，揉了多少顆 Nutella 餅乾，保羅又正好出差去，家事全落在我一人身上，每天下班回家只想癱著休息，一點做別的事情的心思也沒有。

　　保羅體恤我，特地僱請一位狗保姆，幫忙帶福福出門放風，免去我下班之後還要出門遛狗之苦。保姆來接福福時，我因為放心不下還是跟著去了，一邊陪福福在公園玩，一邊和保姆在公園聊天，想不到短短幾個小時的對話，卻讓我的未來有了轉折……

　　那天在抵達狗公園前，我們花了一段時間找停車位還有找公園的位置，我不好意思地向保母解釋，因為之前都是由保羅帶福福來玩，所以我不是很清楚方向。

　　回家之後，我認真地回想：自搬家、工作以來已經快三個月，我竟然一次親子活動都沒有參與過。保羅帶福福出去玩的時間多半是週六或平日晚上，週六我必須上班，而平日晚上，雖然我有空，但總把那段時間視為自己的「休息時間」，如果上班比較累，我寧可在家裡窩著當宅女，也不想跨出門一步。

　　不知不覺間，我在家庭生活裡缺席的時間已經累積了這麼多！

　　過往我常想成為一個女強人，希望大家看到我在事業上的野心與成就，人生放眼在追逐夢想和目標，我敬佩像老闆偷米

一樣的人，只需要少少的睡眠時間，一罐紅牛下肚，就可以拚命幹活。

　　直到了解我與偷米的背景差異，我才發現自己已經不具有成為工作狂的資格。搬來美國、踏入婚姻生活之前的我，在台灣工作，可以想加班就加班，曾在連假四天中三天都到公司報到，也曾在晚上九點、十點才回家，更曾過著白天上班、晚上打工教書的生活，中間還穿插運動及與朋友聚會，那時的生活就是回家便倒頭就睡，隔天繼續衝鋒陷陣……我投資、犧牲的是自己的時間和體力，總覺得只要我喜歡、我高興，想怎麼安排自己的時間都可以。

　　去年剛來美國，我還維持著以前的生活習慣，有很多「自己想做的事」，每當老公想安排時間和我「一起」，我常會直接反應：「啊？不用一起啊！分開做也可以啊！比如說，你上班的時間，我可以去游泳，這樣不是更有效率？」

　　保羅說：「妳怎麼知道我不想游泳？如果我也想跟妳一起去游泳呢？」

　　當時結婚、同居才一個多月的我，腦中浮現的第一個念頭是：蛤！我做想做的事，還要等你一起喔！

　　看起來我好像明明結了婚，卻處心積慮地想過單身生活，但事實並非如此，我只是還沒理解——婚姻需要學著「一起過

日子」的道理。總覺得分頭進行不是比較快、比較方便？一起做事還要互相配合時間，如果意見不合還要討論，好麻煩哦！

就這樣過了快一年的婚姻生活，我終於慢慢意識到，現在的我身分已經不一樣了，我的時間不再是自己一個人的，而是「我們的」，我的決定影響著我們，我的情緒影響著我們，我投資、犧牲的不只是我的時間，而是「我們的時間」。

雖然上班屢受肯定，但別人看不到的是，我把一天之內最多的熱情、精力奉獻於工作，導致回到家裡，腦袋很自然地切換成休眠狀態，跟老公的對話就開始出現──「你不要煩我，我上班很累！我要休息！我明天還要上班！」、「我不跟你講了，我要準備上班了……」、「蛤！可是那天我要工作耶……」

與狗保姆聊過天後，我不知哪個開關被打開了，突然驚覺自己在過著本末倒置的生活。

我想，在錯失更多的風景之前，我的人生優先順序應該重新排列了。

#Nutella Cookies
軟化無鹽奶油 340g
砂糖 170g
二砂糖/紅糖 (brown sugar) 170g
室溫雞蛋 2 顆 蛋黃 2 顆
中筋麵粉 560g
玉米粉 3 茶匙
泡打粉 3 茶匙
香草精 些許
鹽 些許
Nutella 醬/果醬/巧克力醬 適量
以上材料揉成麵團後捏成小圓球，包裹 Nutella 醬或其他果醬，輕輕壓平，180°C 烤十至十二分鐘即可出爐。

聰明反被聰明誤

第 31 餐：瑪格麗特披薩
Pizza Margarita

上個禮拜，經過好幾天的思考糾結，我做了一個很困難的決定——

禮拜五的早上，我提早了快半小時到達餐廳，跟老闆偷米道過早安後，我深吸一口氣後，說：「嘿，偷米，我想跟你說……我決定辭職了，很遺憾因為我個人的緣故，沒有辦法繼續在這裡工作下去。請讓我知道你需要多久時間找到下一個廚師。」

偷米表情很訝異，但也沒有多說什麼，我們很快地恢復正常的工作節奏，直到週六，把整個禮拜的工作都完畢後，兩個人才好好地坐下談這件事。

我很誠懇地告訴偷米我決定離開的原因，因為我不希望他誤以為我辭職是因為我受不了他的鐵血訓練。

「我很喜歡與你工作，這段時間我也很感激你讓我學到很

多。但上個禮拜，我思考了很久，覺得我現在更珍惜與家人相處的時間，在這裡工作很棒，但可惜只滿足了我自己在事業上的熱情和野心，卻讓我喪失了陪伴家人的體力和心情。如果我還沒有家庭，我一定毫不猶豫和你一起衝刺，但我現在已經結婚了，應該把我的家人放在第一位，對我的家庭負責。」

在偷米餐廳工作的這段期間，有快樂的、充滿成就感的日子，也有沮喪的、充滿挫折的日子，但不管是什麼樣的日子，我總是拖著疲累的身軀回家，腦海中也時不時地想著工作的事。

「我了解妳的感受，」偷米說，「不瞞妳說，我剛開餐廳時曾交過一個女朋友，對方受不了我工作狂的個性以及下班後還把公事和情緒帶回家的狀態，最後便與我提了分手。從那以後，我就告訴自己，當店門一關，所有的工作都留到隔天早上再說，我們已經培養了這幾個月的默契，我真的希望妳可以留下來，妳再考慮看看吧！」

週末的時間，我反覆地想了很久，要離開確實很捨不得，畢竟好不容易磨了三個多月，都成為學姐了！

但也許是換了身分，還有隨著年紀的增長，想法真的不同了，如果是幾年前的我，一定不會有這樣的困擾，但現在的我，常覺得人生很短，汲汲營營度日，不如留點氣力，與身邊的人享受平凡快樂的小日子。

151

　　前陣子過於看重工作的我，連意外受傷也休息不了幾天就自動急著復工，導致有時候回家腰酸背痛哀哀叫，不愛護自己、不愛護家人的感受，求的只是工作上有好的表現，能快點進步得到老闆的肯定。

　　曾經有個好朋友說過我，她覺得我的人生過得如此勞碌，就是因為我把自己想得「太偉大」，我們都只是凡人，有時候自私一點，不見得是一件壞事。

　　記得以前工作時常常會聽到一句話——「你的公司沒有你並不會倒，但是，你的家庭少了你一定會倒。」此話說得沒錯，但要到了一定的年紀或是換了另一種身分後，才能體悟箇中真意——

　　職場上再怎麼重要的大將，都能被後起之秀取代，但一個妻子、一個媽媽或一個女兒的角色，卻是永遠不能被輕易代替的。

　　回想起來很有趣，我的心境在來美國的短短一年，像雲霄飛車一樣經歷了好多轉折，從滿懷雄心壯志到領悟自己原來是聰明反被聰明誤，我想要追求的，其實早就擁有了。

　　上班的最後一天，偷米烤了店裡的招牌瑪格麗特披薩，趁著店裡不忙的時候，我們和服務生在廚房裡一同分食著那十三吋的美味。這三個月所幸有老闆偷米的教誨，從一個只懂烘焙

的人，到可以在家從麵團開始揉起，進而變出一整塊義式薄皮披薩，心中的感激和感動實在難以言喻……

明天就要告別這段短暫卻精彩的旅程，轉往新的職場去冒險。也許新的工作，沒有那麼多的喜怒哀樂可以娓娓道來，但相信那時候的我和我的家庭生活都會更快樂充實。

而這，才是人生中比工作更重要的目標不是嗎？

新的旅程

第 32 餐：熱壓古巴三明治

Pressed Cuban

　　接下新的工作，手上拿著與前一份工作截然不同的菜單，心想又是一份挑戰了！這次工作的地點是一間三明治熟食店，從早晨到下午，賣著各式各樣的三明治、沙拉。跟台灣的三明治不同，這裡的三明治內容變化多端，口味有冷有熱，我一個台妹要做出使美國人信服的三明治口味，確實得下不少功夫。

　　店裡琳琅滿目的三明治種類裡，最受歡迎的就是熱壓古巴三明治。看過電影《五星主廚快餐車》嗎？其中主廚最拿手的便是這道菜。兩片古巴麵包夾著火腿、烤豬肉片、酸黃瓜、swiss cheese、黃芥末，有時也會搭配 salami，用熱壓三明治機將麵包夾緊加熱，不出一、兩分鐘的時間，一片熱呼呼又豐富的古巴三明治便出爐了！

　　說到這古巴三明治，其實並不源於古巴，反而是來自佛羅里達州的坦帕，也就是我現在居住的地方。舊時的坦帕有許多古巴工人，當時的熟食店為了要迎合工人的口味，便推出這種具有飽足感的熱三明治，好吃又能吃得飽，因而受到許多人的

喜愛。

　　短短三個禮拜的時間，我從法式小餐館來到美式熟食店，面對的客人從學生和能夠悠閒享受美食的饕客到視時間如金錢般重要的上班族，連工作內容都從廚房內延伸到櫃台前，除了備餐之外，也要學著如何收銀和招呼客人⋯⋯

　　奇妙的是，這份工作我卻越做越感覺趣味，透過每個客人對同一種三明治不同的偏好，似乎拉近了我與他們的關係，彷彿能藉此了解他們的生活習性，像是——「請幫我壓久一點！」、「我的三明治不要番茄，多幫我放些酸黃瓜！」、「可以幫我把火腿換成火雞肉嗎？我在減脂。」

　　有名女客人，禮拜一到禮拜五的午餐都是吃一個古巴三明治，吃到每次她一踏進店內，投給我一個眼神，我就知道要把古巴麵包拿出來，開始幫她備餐，而她也總是回以我滿意的笑容。不到一個月的時間，這些店裡來來去去叫不出名字的客人們，都好像慢慢變成了我在美國生活的新家人。

　　不同的餐點從我手中一份份地呈到客人手上，從披薩、餅乾，甚至到現在的三明治和沙拉，我和美國的人們建立起越來越強的連結，也在時日的更迭中逐漸找到了生活的步調。

　　驀然回首，發現從第一篇日記到現在寫著這一篇的我，已經成長了不少。當時煮食僅是為了排遣寂寞的心情，現在則是

一份專業，和滿心的熱誠。料想在未來的日子裡，我與這個當初還不熟悉的國家將會創造出更多的默契，也會有更多的故事可以娓娓道來，對吧？

國家圖書館出版品預行編目(CIP)資料

食遇美國──固執台妹的異鄉冒險/
Corrinne著. -- 初版. -- 臺北市：力得文化,
　2018.09　面；　公分. --（好心情；8）
　ISBN 978-986-96448-1-5（平裝）

1.飲食　2.文集

427.07　　　　　　　　　　　107011075

好心情 008

食遇美國──固執台妹的異鄉冒險

初　　版　　2018年9月
定　　價　　新台幣350元

作　　者　　Corrinne
出　　版　　力得文化
發 行 人　　周瑞德
電　　話　　886-2-2351-2007
傳　　真　　886-2-2351-0887
地　　址　　100 台北市中正區福州街1號10樓之2
E - m a i l　　best.books.service@gmail.com
官　　網　　www.bestbookstw.com
執行總監　　齊心瑀
企劃編輯　　王韻涵
封面設計　　楊麗卿
內頁構成　　菩薩蠻數位文化有限公司
印　　製　　大亞彩色印刷製版股份有限公司

港澳地區總經銷　　泛華發行代理有限公司
地　　址　　香港新界將軍澳工業邨駿昌街7號2樓
電　　話　　852-2798-2323
傳　　真　　852-2796-5471

版權所有・翻印必究

Leader Culture

Lead the Way! Be Your Own Leader!

Leader Culture

Lead the Way! Be Your Own Leader!